高等师范教育精品教材系列丛书

董丽花　主　编
刘新征　刘国鹏　李梦华　副主编

无机化学实验

Inorganic Chemistry Experiment

中国财经出版传媒集团
经济科学出版社
Economic Science Press

图书在版编目（CIP）数据

无机化学实验/董丽花主编. -- 北京：经济科学出版社，2022.1

ISBN 978 -7 -5218 -3389 -8

Ⅰ. ①无…　Ⅱ. ①董…　Ⅲ. ①无机化学 - 化学实验 - 高等学校 - 教材　Ⅳ. ①O61 -33

中国版本图书馆 CIP 数据核字（2022）第 013766 号

责任编辑：于　源　姜思伊
责任校对：蒋子明
责任印制：范　艳

无机化学实验

主　编：董丽花
副主编：刘新征　刘国鹏　李梦华
经济科学出版社出版、发行　新华书店经销
社址：北京市海淀区阜成路甲 28 号　邮编：100142
总编部电话：010 -88191217　发行部电话：010 -88191522
网址：www. esp. com. cn
电子邮箱：esp@ esp. com. cn
天猫网店：经济科学出版社旗舰店
网址：http：//jjkxcbs. tmall. com
北京密兴印刷有限公司印装
710 × 1000　16 开　9. 75 印张　170000 字
2022 年 4 月第 1 版　2022 年 4 月第 1 次印刷
印数：0001—2000 册
ISBN 978 -7 -5218 -3389 -8　定价：39. 00 元

前　言

为贯彻落实党的十九大精神，培养高素质教师队伍，按照国家教育事业发展“十四五”规划工作要求，近年来教育部逐步开展了普通高等学校师范类专业认证工作。为了贯彻师范类专业认证的理念，体现化学师范类专业的培养目标和毕业要求，实现从知识范式向能力范式的转化，需要一套内容充实、体系新颖、可操作性强的无机化学实验教材。

本书内容由五部分组成，第一章主要介绍无机化学实验的基础知识和常用实验仪器的使用方法；第二章是基本操作和基本原理实验，包括常用物理量的测定及无机化学原理的验证等实验；第三章为元素化合物性质实验，涵盖了 s 区、p 区、d 区和 ds 区等元素及其化合物；第四章是无机制备实验，既包括简单无机化合物的制备，又加入部分新型无机材料的制备，同时增加了综合性实验的比例，如将原来硫酸亚铁铵的制备和三草酸合铁酸钾的制备两个实验合并，并将内容重新设计，综合为以铁为原料制备感光液；第五章为设计实验，只给出实验目的和实验提示，学生自行设计实验方案，以培养学生分析问题和利用所学知识综合解决问题的能力。

本教材实验内容的编排由浅入深，由理论到应用，由简单到综合，由综合到设计实验，符合学生的认知发展规律和知识能力水平，具有较强的实用性。

为了将课程思政贯穿于无机化学实验课程教学之中，实现立德树人的教育目标，编者在教材中增加了与社会生活密切联系的实验，以拓宽学生的知识面，提高学习兴趣，培养学生关注生活、热爱生活的思想意识；在实验内容中突出绿色化学理念，指导学生对环境有害的实验废弃物进行妥善处理，引导学生树立环境保护的理念，培养学生对国家和社会的责任感。

由于编者水平有限，本书中的错误和不当之处，恳请使用本书的老师和同学批评指正。

编者

2021. 10

目　　录

绪　论

一、无机化学实验的目的

化学是一门以实验为基础的学科，无机化学实验是化学及相关专业大学生的第一门实验必修课程。无机化学实验既是一门独立的实践课程，又与无机化学理论课程有着紧密的联系。学生通过学习无机化学实验课程，应该达到以下目标：

（1）能够规范地掌握无机化学实验的基本操作和基本技能，初步掌握无机物的制备、物质分离提纯和常用物理量的测定方法，通过实验手段加深对无机化学的重要原理、元素及其化合物的性质等知识的理解。

（2）学习归纳总结、综合处理科学数据的方法，培养实事求是的实验态度和科学的思维方法，养成严谨、准确、细致、整洁的实验习惯。

（3）初步掌握无机化学实验的科学研究方法，培养独立思考和自主探索精神，能够综合运用所学知识分析和解决问题。

（4）逐步树立理论联系实际及绿色环保、节能减排、安全生产等意识。

二、无机化学实验的学习方法

无机化学实验是在教师的指导下由学生独立完成的，要达到良好的实验效果，必须有积极的学习态度和正确的学习方法。

（1）课前预习，实验前是必须要预习的，这个环节一定要引起学生足够重视，学生不预习不准进入实验室做实验。实验前任课教师要检查每个学生的预习情况。查看学生的预习笔记，对没有预习或预习不合格的，任课教师有权不让其参加本次实验。

实验预习要求学生认真阅读实验教材及相关参考资料，明确实验目的、理解实验原理、熟悉实验内容、掌握实验方法、了解实验中有关的注意事项，按照指导教师要求撰写预习报告，简要写明实验步骤、注意事项等，而且要留有记录实验现象和测量数据的位置。

（2）实验过程，实验开始前按时到达实验室，专心听指导教师的讲解。实验操作时必须认真、独立完成。在实验操作过程中，要做到以下几点：

①“看”：仔细观察实验现象，包括气体的产生、沉淀的生成、颜色的变化及温度、压力、流量等参数的变化。

②“想”：开动脑筋仔细研究实验中产生的现象，分析、解决问题，对感性认识作出理性分析，找出正确实验方法，逐步提高思维能力。

③“做”：带着思考的结果动手进行实验，从而学会实验基本方法与操作技能，培养动手能力。

④“记”：善于及时记录实验现象与数据，养成把实验数据准确、及时记录下来的良好习惯。

⑤“论”：善于对实验中产生的现象进行理性讨论，提倡学生之间或师生之间的讨论，提高每次实验的效果及认知的深度。

另外，实验中要自觉养成良好的科学习惯，遵守实验室安全守则，实验过程中始终保持桌面布局合理，环境整洁。

（3）实验报告。实验结束后，认真概括和总结本次实验，写好实验报告。对实验现象进行解释，处理实验数据，作出结论。

不同类型的实验报告格式可以不同，原则上实验报告应包括以下几方面内容：实验名称、实验目的、实验原理、实验仪器和试剂、实验内容、实验现象及解释或实验数据处理及分析等。实验内容是对实验实际操作的简述，尽量用表格、箭头、框图或符号等形式简洁明了地表达实验进行的过程，避免完全照抄书本。实验现象要表达正确，解释要科学合理，写出主要反应的化学方程式；实验数据记录要完整，数据计算要表达清晰，有效数字要规范，定量实验应分析误差产生的原因。绝对不允许主观臆造或抄袭他人的数据，若发现主观臆造或抄袭者应严加查处。实验报告中也可以针对实验中遇到的疑难问题提出自己的见解，或者对实验方法、实验内容提出意见或者建议。

每次实验报告应在下次实验前连同实验原始记录一起交给指导教师。

三、无机化学实验室安全知识及意外事故的处理

化学实验室是化学学习的重要场所，学生要熟悉实验室环境，遵守实

验室安全守则。很多化学药品具有易燃、易爆、腐蚀性、毒性的特质，在使用过程中，应该严格遵守操作规程，才能避免事故的发生。一旦意外事故发生，应及时采取救护措施，并处理。

1. 无机化学实验室安全守则

（1）严格遵守实验室各项规章制度，听从实验指导老师的安排，保持实验室清洁。

（2）进入实验室做实验时必须穿实验服，禁止将食物、饮料等带入实验室，严禁在实验室内饮食、吸烟。

（3）不得将实验室的化学药品带出实验室。

（4）实验前清点实验仪器，实验过程中仪器损坏要及时报告指导老师，并填写仪器破损单，由实验员根据具体情况处理。

（5）节约使用试剂，爱护实验仪器和设备，公用仪器和试剂使用后要及时复位。实验过程中产生的实验废物和废液应倒入废物桶或废液回收桶中。

（6）不要用湿的手、物接触电源，以免发生触电事故。

（7）一切涉及有毒的、有剧烈刺激性气体的实验，都应在通风橱中进行。

（8）使用强酸、强碱等具有强腐蚀性的药品时需更加小心，以免溅在皮肤或衣服上，特别要注意眼部。

（9）遵守实验操作规程，禁止做未经教师允许的实验或任意混合化学药品，以免发生意外事故。

（10）实验完毕后，应整理好实验仪器和台面，打扫实验室卫生，关闭水、电开关，关闭门窗。

2. 危险品的使用

（1）稀释浓硫酸时应将其慢慢倒入水中并不断搅拌，切不可颠倒顺序。

（2）活泼金属钾、钠等不要与水接触或暴露在空气中，应将它们保存在煤油中，使用时用镊子取用。

（3）白磷有剧毒，在空气中易自燃，因此，应保存在水中，取用时应在水下进行切割，用镊子夹取。

（4）银氨溶液不能久存，放久后会生成氮化银继而引起爆炸，因此用剩的银氨溶液，应及时处理。

（5）汞易挥发，在人体内会积累起来，引起慢性中毒。实验室中如果打碎水银温度计或将汞洒在桌面或地面上，应尽快将其聚集起来，并撒上多硫化钙、硫黄粉或漂白粉等使汞生成不挥发的难溶盐。

（6）氢气或其他易燃气体与空气混合后遇火要发生爆炸，因此产生氢气的装置要远离明火。点燃氢气前，必须先检查氢气的纯度。

（7）有机溶剂（乙醇、乙醚、苯、丙酮等）易燃，使用时一定要远离明火。用后要把瓶塞塞严，放在阴凉的地方，最好放入沙桶内。

（8）强氧化剂（如高氯酸、氯酸钾等）及其混合物（氯酸钾与红磷、碳、硫等的混合物），不能研磨或撞击，否则易发生爆炸。

（9）吸闻气体时，用手轻轻将少量气体扇向自己的鼻孔，切不可直接对准瓶口闻气体。

（10）可溶性汞盐、铬（Ⅵ）的化合物、砷盐、锑盐、氰化物等都有毒，不能接触伤口，其废液不能倒入下水道，应统一回收处理。

3. 实验室意外事故的处理

实验过程中如果发生意外事故，重伤者应立即送至医院治疗，轻伤时可采取如下措施：

（1）吸入刺激性或有毒气体：吸入 H_2S、N_2O 或 CO 等有毒气体而感到不适时，应立即到室外呼吸新鲜空气。

（2）割伤：先用消毒棉把伤口处理干净，伤口内若有碎片应先挑出，涂上红药水，若伤口较深，先对伤口周围进行消毒处理，用纱布或清洁物品按住伤口压迫止血，并立即送往医院。

（3）烫伤：立即用大量冷水冲洗伤处，以迅速降温避免深度烧伤。轻微烫伤时，可用5%的高锰酸钾溶液润湿伤口至皮肤变为棕色，也可涂抹獾油或烫伤膏。

（4）皮肤灼伤：若是被酸灼伤，先用大量冷水冲洗，再用饱和碳酸氢钠溶液或稀氨水冲洗，最后再用水冲洗。若是被碱灼伤，先用大量水冲洗，再用2%的醋酸冲洗，最后用水冲洗。

（5）毒物入口：将 5 ~ 10mL 的稀硫酸铜溶液加入一杯温水中，内服后用手伸入喉促使呕吐，吐出毒物，再送医院治疗。

（6）触电：立即切断电源，必要时对触电者进行人工呼吸。

（7）起火：实验室内万一着火，切勿惊慌，应立即采取正确的措施灭火，并切断电源、关闭煤气总阀，拿走易燃药品等，以防火势蔓延。

一般的小火可用湿布、石棉布或沙土掩盖在着火的物体上；能与水发生剧烈作用的化学药品（如金属钠）或比水轻的有机溶剂着火时，应使用合适的灭火器扑灭，不能用水扑救，否则会引起更大的火灾。

实验人员衣服着火时，切勿惊慌乱跑，可用湿布覆盖、泼水或就地卧倒打滚等方法灭火。

第1章　基础知识和基本技能

一、化学实验室常用仪器及使用范围

化学实验室常用仪器名称、规格、使用范围及注意事项如表1－1所示。

表1－1　　化学实验室常用仪器名称、规格、使用范围及注意事项

名称	规格	使用范围	注意事项
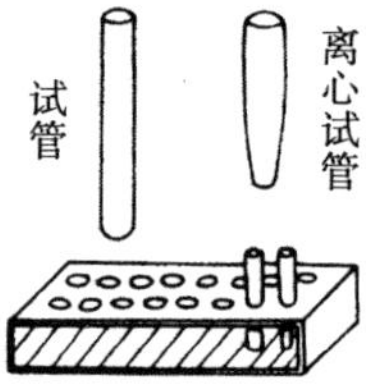 试管架	分硬质试管、软质试管、普通试管、离心试管； 普通试管以（管口外径×长度）/mm 表示，离心试管以其容积/mL 表示	用作少量试液的反应容器，便于操作和观察； 离心试管还可用于定性分析中的沉淀分离	1）加热后不能骤冷，以防试管破裂； 2）盛试液不超过试管的1/3～1/2； 3）加热时用试管夹夹持，管口不要对人，且要求不断摇动试管，使其受热均匀； 4）小试管一般用水浴加热
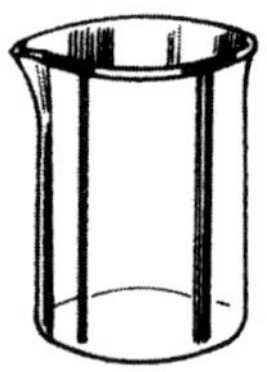 烧杯	以容积表示。如1000mL，600mL，400mL，250mL，100mL，50mL，25mL	反应容器； 反应物较多时用，亦可配制溶液、溶样等，不可用作量器	1）可以加热至高温。使用时应注意勿使温度变化过于剧烈； 2）加热时底部垫石棉网，使其受热均匀，一般不可烧干

续表

名称	规格	使用范围	注意事项
 锥形瓶（三角烧瓶）	以容积表示。如 500mL，250mL，100mL，50mL	反应容器； 摇荡比较方便，适用于滴定操作	1）可以加热。使用时应注意勿使温度变化过于剧烈； 2）加热时底部垫石棉网，使其受热均匀； 3）磨口锥形瓶加热时要打开瓶塞
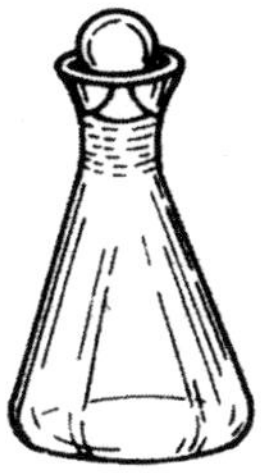 碘量瓶	以容积表示。如 250mL，100mL，50mL	用于碘量法或其他生成挥发性物质的定量分析	1）注意塞子及瓶口边缘的磨砂部分勿擦伤，以免产生漏隙； 2）滴定时打开塞子，用蒸馏水将瓶口及塞子上的碘液洗入瓶中
 烧瓶	有平底和圆底之分，以容积表示。如 500mL，250mL，100mL，50mL	反应容器； 反应物较多，且需要长时间加热时用	1）可以加热。使用时应注意勿使温度变化过于剧烈； 2）加热时底部垫石棉网或用各种加热套加热，使其受热均匀
 蒸馏烧瓶 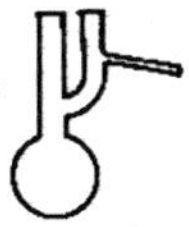 克氏烧瓶	以容积/mL 表示	可用于液体蒸馏，也可用于制取少量气体； 克氏烧瓶最常用于减压蒸馏实验	加热时应放在石棉网上

续表

名称	规格	使用范围	注意事项
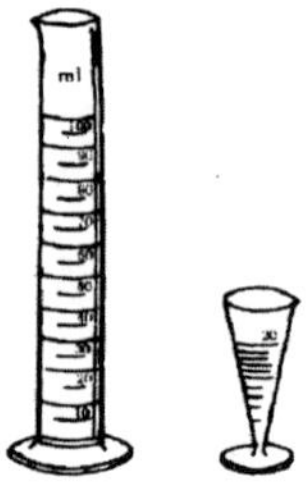 量筒　量杯	以所能量度的最大容积表示； 量筒：如 250mL，100mL，50mL，25mL，10mL； 量杯：如 100mL，50mL，20mL，10mL	用于液体体积计量	1）不能加热； 2）沿壁加入或倒出溶液
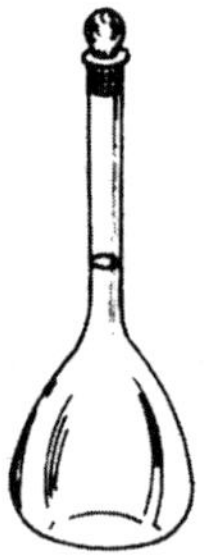 容量瓶	以容积表示； 如：1000mL，500mL，250mL，100mL，50mL，25mL	配制准确体积的标准溶液或被测溶液	1）不能加热； 2）不能在其中溶解固体； 3）使用前要检验是否漏水； 4）非标准的磨口塞要保持原配
(a) 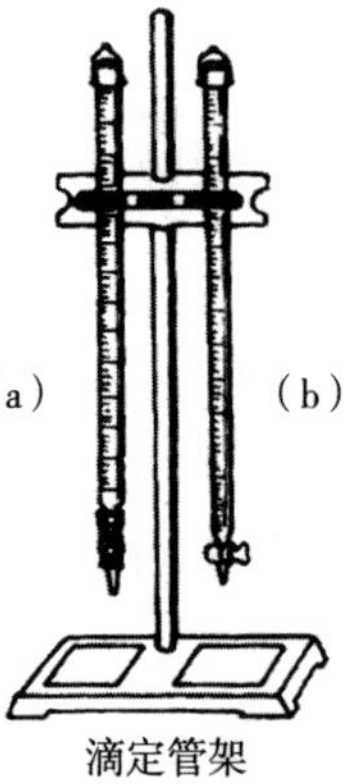 (b) 滴定管架 酸式和碱式滴定管	滴定管分碱式（a）和酸式（b），无色和棕色；以容积表示，如 50mL，25mL	滴定管用于滴定操作或精确量取一定体积的溶液； 滴定管架用于夹持滴定管	1）碱式滴定管盛碱性溶液，酸式滴定管盛酸性溶液，二者不能混用； 2）碱式滴定管不能盛氧化剂； 3）见光易分解的滴定液宜用棕色滴定管； 4）酸式滴定管活塞应用橡皮筋固定，防止滑出跌碎； 5）活塞要原配，漏水的不能使用

续表

名称	规格	使用范围	注意事项
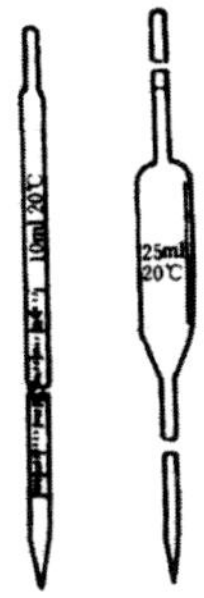 （a）（b） 吸量管 移液管	以所量的最大容积表示。 吸量管：如 10mL，5mL，2mL，1mL； 移液管：如 50mL，25mL，10mL，5mL，2mL，1mL	用于精确量取一定体积的液体	不能加热
 滴管	由尖嘴玻璃管与橡皮乳头构成	1）吸取或滴加少量（数滴或 1 ~ 2mL）液体； 2）吸取沉淀的上层清液以分离沉淀	1）滴加时，保持垂直，避免倾斜，尤忌倒立； 2）管尖不可接触其他物体，以免玷污
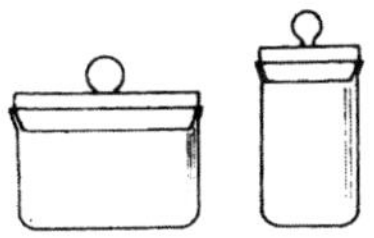 （a）（b） 称量瓶	分矮形（a）、高形（b），以外径 × 高表示； 如高形，25mm × 40mm；矮形，50mm × 30mm	要求准确称取一定量的固体样品时用，矮形用作测定水分或在烘箱中烘干基准物；高形用于称量基准物、样品	1）不能直接用火加热； 2）磨口塞与瓶配套，不能互换； 3）不可盖紧磨口塞烘烤
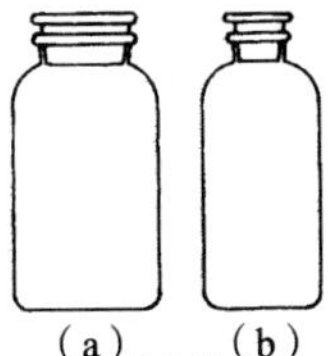 （a）（b） 试剂瓶	材料：玻璃或塑料。规格：分广口（a）、细口（b）；无色、棕色。以容积表示。如：1000mL，500mL，250mL，125mL	广口瓶盛放固体试剂，细口瓶盛放液体试剂。棕色瓶用于存放见光易分解的试剂	1）不能加热； 2）取用试剂时，瓶盖应倒放在桌上； 3）盛碱性物质要用橡皮塞或塑料瓶； 4）不能在瓶内配制在操作过程中放出大量热量的溶液

续表

名称	规格	使用范围	注意事项
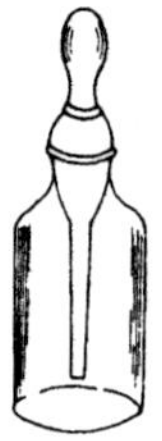 滴瓶	有无色、棕色之分。以容积表示。如 125mL，60mL	盛放每次使用只需数滴的液体试剂	1）见光易分解的试剂要用棕色瓶盛放； 2）碱性试剂要用带橡皮塞的滴瓶盛放； 3）其他使用注意事项同滴管； 4）使用时切忌张冠李戴
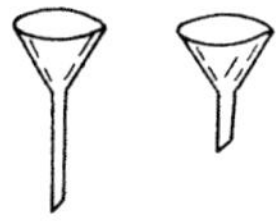 长颈漏斗　漏斗	以口径和漏斗颈长短表示。如 6cm 长颈漏斗、4cm 短颈漏斗	长颈漏斗用于定量分析、过滤沉淀，短颈漏斗用作一般过滤	不能用火直接加热
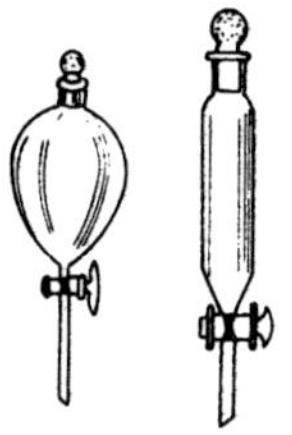 分液漏斗　滴液漏斗	以容积和漏斗的形状（筒形、球形、梨形）表示。如 100mL 球形分液漏斗、60mL 筒形滴液漏斗	1）往反应体系中滴加较多的液体； 2）分液漏斗用于互不相溶的液液分离	活塞应用细绳系于漏斗颈上，或套以小橡皮圈，防止滑出跌碎
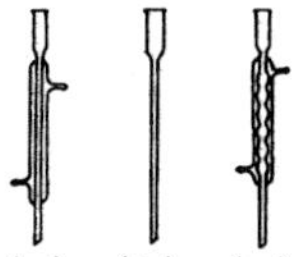 （a）直形冷凝管　（b）空气冷凝管　（c）球形冷凝管	以口径大小表示	直形冷凝管适用于蒸馏物质的沸点在 140℃以下； 空气冷凝管适用于蒸馏物质的沸点高于 140℃； 球形冷凝管适用于加热回流的实验	
 表面皿	以直径表示；如 15cm，12cm，9cm，7cm	盖在蒸发皿或烧杯上以免液体溅出或灰尘落入	不能用火直接加热，直径要略大于所盖容器

续表

名称	规格	使用范围	注意事项
 研钵	厚料制成。规格：以钵口径表示；如 12cm，9cm	研磨固体物质时用	1）不能做反应容器； 2）只能研磨，不能敲击； 3）不能烘烤
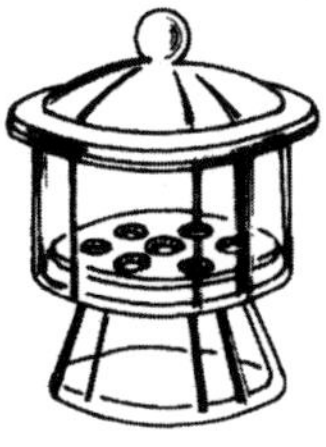 干燥器	以直径和材料颜色表示；如 18cm，15cm，10cm，无色，棕色	1）定量分析时，将灼烧过的坩埚置其中冷却； 2）存放样品，以免样品吸收水气	1）灼烧过的物体放入干燥器前温度不能过高； 2）使用前要检查干燥器内的干燥剂是否失效； 3）磨口处涂适量凡士林
 试管夹	材料：竹制、钢丝	用于夹拿试管	防止烧损（竹质）或锈蚀
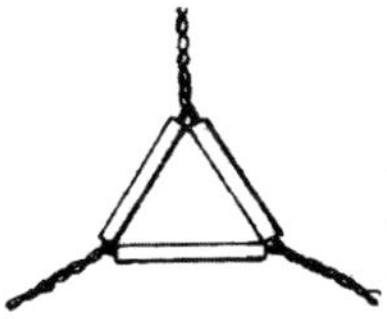 泥三角	材料：瓷管和铁丝；有大小之分	用于承放加热的坩埚和小蒸发皿	1）灼烧的泥三角不要滴上冷水，以免瓷管破裂； 2）选择泥三角时，要使搁在上面的坩埚所露出的上部不超过本身高度的 1/3
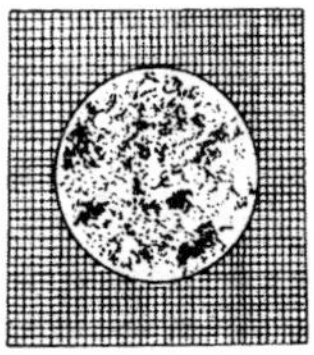 石棉网	材料：铁丝、石棉；以铁丝网边长表示。如 15cm×15cm，20cm×20cm	加热玻璃反应容器时垫在容器的底部，能使加热均匀	不要与水接触，以免铁丝锈蚀，石棉脱落

续表

名称	规格	使用范围	注意事项
 坩埚钳	材料：铁或铜合金，表面常镀镍、铬	夹持坩埚和坩埚盖	1）不要和化学药品接触，以免腐蚀； 2）放置时，应令其头部朝上，以免玷污； 3）夹持高温坩埚时，钳尖需预热
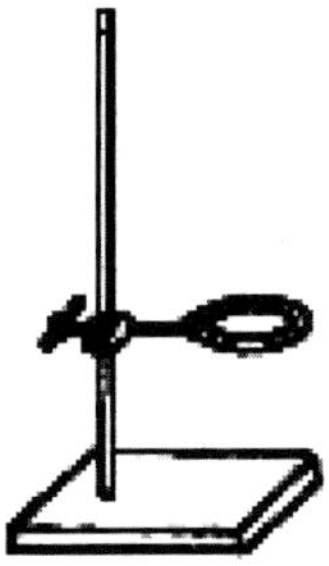 铁架台、铁环	材料：铁制品	用于固定放置反应容器。铁环上放置石棉网，可用于放被加热的烧杯等容器	
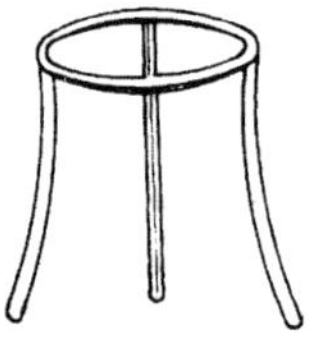 三脚架	材料：铁制品	放置较大或较重的加热容器	
 试管刷	以大小和用途表示。如试管刷、烧杯刷	洗涤试管及其他仪器用	洗涤试管时，要把前部的毛捏住放入试管，以免铁丝顶端将试管底戳破
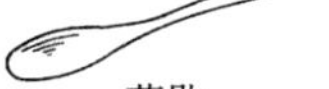 药匙	材料：牛角或塑料	取固体试剂时用	1）取少量固体时用小的一端； 2）药匙大小的选择，应以盛取试剂后能放进容器口内为宜

续表

名称	规格	使用范围	注意事项
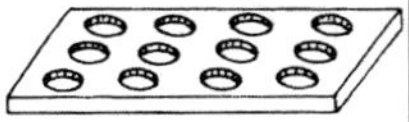 点滴板	材料：白色瓷板； 规格：按凹穴数目分十穴、九穴、六穴等	用于点滴反应，一般不需分离的沉淀反应，尤其是显色反应	1）不能加热； 2）不能用于含氢氟酸和浓碱溶液的反应
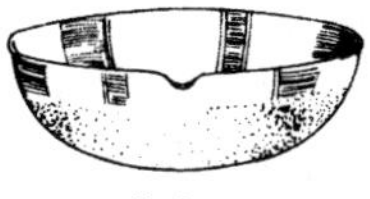 蒸发皿	材料：瓷或玻璃； 规格：分有柄、无柄．以容积表示。如：150mL，100mL，50mL	用于蒸发浓缩	可耐高温，能直接用火加热，高温时不能骤冷
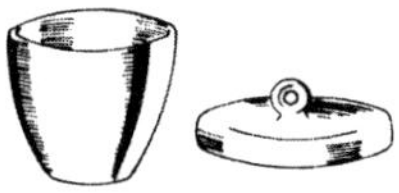 坩埚	材料：瓷、石英、铁、银、镍、铂等； 规格：以容积表示，如50mL，40mL，30mL	用于灼烧固体	1）灼烧时放在泥三角上，直接用火加热，不需用石棉网； 2）取下的灼热坩埚不能直接放在桌上，而要放在石棉网上； 3）灼热的坩埚不能骤冷
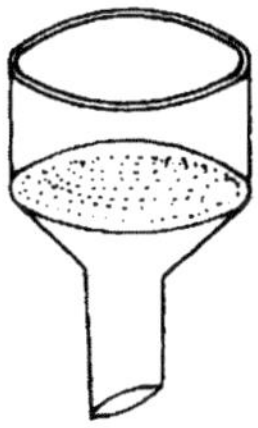 布氏漏斗	材料：瓷	用于减压过滤	

二、玻璃仪器的洗涤与干燥

1. 洗涤

玻璃仪器洗涤干净的标准是仪器内壁不附挂水珠，洗净的仪器再用少量蒸馏水冲洗 2 ~ 3 次，常用的洗涤方法有以下几种：

刷洗：用毛刷蘸取去污粉或洗衣粉来回柔力刷洗仪器内壁。

洗液洗：此法适用于口小管细的仪器，方法是加入少量洗液浸润仪器内部各部位，来回转动数圈后，将洗液倒回原瓶，再用水冲洗干净。若用洗液将仪器浸泡一段时间或采用热洗液洗涤，则效果更好。洗液（通常为铬酸洗液）可反复使用，若呈现绿色（重铬酸钾还原为硫酸铬的颜色），则失去去污能力。

2. 干燥

玻璃仪器的干燥方法有多种，如晾干、烘干、烤干、吹干等。

晾干：不急用的仪器经过洗净后，可倒置于实验柜内或仪器架上晾干。

烘干：将洗净的仪器放在电烘箱内烘干（控制温度在105℃左右恒温加热30分钟）。仪器放入前将水分倒尽，仪器口朝下放时，要在烘箱底层放一个搪瓷盘，防止水滴下与电炉丝接触而损坏烘箱。带有刻度的仪器不能用烘干法进行干燥，否则会影响仪器精密度。

烤干：试管能直接用火烤，但管口必须向下倾斜以免水珠倒流炸裂试管。加热时火焰不要集中于一个部位，应从底部开始，缓慢移至管口，如此反复至无水珠，再将管口向上赶净水气。常用的可加热耐高温仪器如烧杯、蒸发皿等可置于石棉网上用小火烤干（应先擦干其外壁）。

吹干：吹干法常用于带有刻度计量仪器的干燥。在吹干前可先用乙醇、丙酮或乙醚等有机溶剂润湿内壁，以加快仪器干燥速度。

三、加热和冷却

1. 加热

实验室的加热方法有酒精灯加热、热浴加热、电加热等几种加热方法。

（1）酒精灯加热。

酒精灯的加热温度为400～500℃，适用于温度不需太高的实验。酒精灯由灯帽、灯芯和盛有酒精的灯壶三大部分所组成。正常使用的酒精灯火焰应分为焰心、内焰和外焰三部分，外焰的温度最高，内焰次之，焰心温度最低。加热时，应用外焰加热，因为外焰燃烧最充分，温度最高。点燃酒精灯时注意不能用另一个燃着的酒精灯点燃，以免着火。熄灭时用灯罩盖灭，切勿用嘴吹。

如果需要加热的温度很高，可以使用酒精喷灯，其火焰温度可达

700～1000℃，酒精喷灯的结构及使用方法见 p48（酒精喷灯的使用与玻璃仪器的加工）。

（2）热浴加热。

热浴是通过传热介质（水、油、沙等）传递热量进行加热。它具有受热面积大、受热均匀、浴温可控制、非明火加热等优点，用得较多的是水浴加热。

当被加热物质要求受热均匀且温度不超过 100℃时，采用水浴加热。它是通过热水或水蒸气加热盛在容器中的物质。实验室经常用恒温水浴锅进行加热（见 p31 恒温水浴锅和恒温干燥箱的使用）。

（3）电加热。

实验室常用电炉、电热套和马弗炉进行电加热。

电炉：电炉可代替酒精灯进行加热操作，如图 1－1 所示。使用电炉时加热容器和电炉之间要隔以石棉网，保证物体受热均匀。因安全问题，目前实验室大多不再使用电炉进行加热。

图 1－1　电炉

图 1－2　电热套

电热套：电热套是用玻璃纤维和电炉丝编制成的半圆形内套，外边加上金属或塑料外壳，中间填充保温材料。电热套的容积一般与烧瓶的容积相匹配，从 50mL 起，各种规格均有，如图 1－2 所示。电热套不用明火加热，因而使用较为安全。加热时，烧瓶处于热气流中，因此，加热均匀、热效率高。使用时应注意，不要将药品洒在电热套中，以免加热时药品挥发污染环境，同时避免电热丝被腐蚀而断开。加热时烧瓶不要贴在内套壁上。

马弗炉：马弗炉主要用于固体物质的高温灼烧或高温条件下无机化合物的制备，其最高温度可达 900～1200℃。马弗炉由炉体和温度控制器两部分组成，通常使用热电偶温度计测量温度。其炉膛呈正方形，很容易放入坩埚或其他耐高温的容器，如图 1－3 所示。

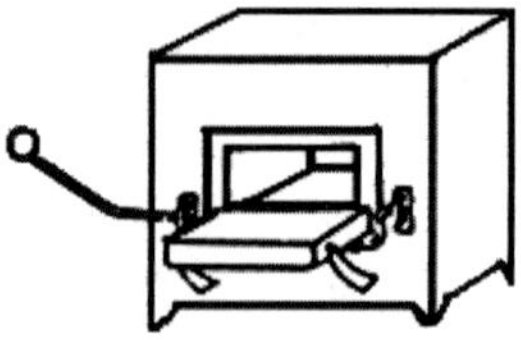

图 1-3　马弗炉

2. 冷却

某些化学反应需要在低温条件下进行，还有一些反应需要传递出产生的热量，有的制备操作像结晶、液态物质的凝固等也需要低温冷却，我们可根据所要求的温度条件选择不同的冷却剂（制冷剂）。

用水冷却是一种最简便的方法。将被冷却物浸在冷水或在流动的冷水中冷却（如回流冷凝器）可使被冷却物的温度降到接近室温。用冰或冰水冷却，可得到0℃的温度。要获得0℃以下的温度常采用冰+无机盐冷却剂。冰与盐按不同的比例混合，能得到不同的制冷温度。如 $CaCl_2 \cdot 6H_2O$ 与冰分别按 1∶1、1.5∶1、5∶1 混合，可达到的温度为 -29℃、-49℃、-54℃。采用干冰—有机溶剂作冷却剂可以获得 -70℃以下的低温。

四、试剂的分类及取用

1. 一般化学试剂的分类和存储

化学试剂按杂质含量的多少，通常分为四个等级，如表 1-2 所示。

表 1-2　　我国化学试剂等级

等级	名称	符号	标签颜色	应用范围
一	优级纯或保证试剂	GR	绿	用于精密分析和科学研究，作一级标准物质
二	分析纯或分析试剂	AR	红	用于定性和定量分析和科学研究
三	化学纯或化学试剂	CP	蓝	用于要求较低的分析实验和有机、无机实验
四	实验试剂	LR	黄或棕色	用于普通实验和化学制备

固体试剂应装在广口瓶中，液体试剂和溶液常盛放于细口瓶或滴瓶

中。见光易分解的试剂如 $AgNO_3$ 或 $KMnO_4$ 等应装在棕色瓶中。盛碱性溶液的试剂瓶要用橡皮塞。每个试剂瓶上都应贴标签，标明试剂名称、浓度和配制日期。有时在标签外部涂一薄层蜡来保护标签，使之长久清楚。

2. 试剂的取用

取用试剂前应看清标签。取用时，先打开瓶塞，将瓶塞倒放在实验台上。如果瓶塞上端不是平顶而是扁平的，可用食指和中指将瓶塞夹住或放在清洁的表面皿上，绝不可将它横置桌上以免沾污。不能用手接触化学试剂。应根据用量取用试剂，不能多取。取完试剂后，一定要把瓶塞盖严，然后把试剂瓶放回原处。

（1）固体试剂的取用。

①用干净的药匙取用固体试剂，取出后立刻盖好瓶塞。

②称量固体试剂时，多余的药品不能倒回原瓶，可放入指定回收容器中，以免将杂质混入原装瓶中。

③用台秤称取物体时，可把固体放在干燥的纸上称量。具有腐蚀性或易潮解固体应用烧杯或表面皿称量。

④往试管中加入固体粉末状试剂时，可用药匙将取出的试剂放在对折的纸片上，伸进试管约 2/3 处，然后将试管竖起，使试剂到达试管底部，如图 1－4 所示。加入块状固体时，应将试管倾斜，使其沿管壁慢慢滑下，以免碰破管底。

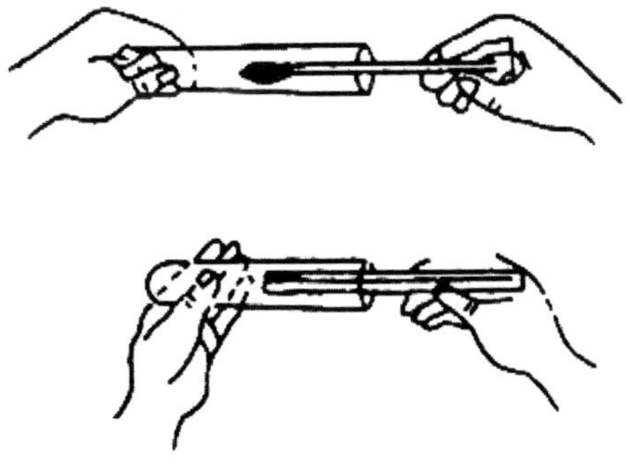

图 1－4　固体试剂的取法

⑤固体的颗粒较大时，可在清洁而干燥的研钵中研碎。研钵中所盛固体的量不要超过研钵容量的 1/3。

(2) 液体试剂的取用。

取用液体试剂具体方法有：滴加法、倾注法、量取法。

滴加法：从滴瓶中取用液体试剂时，滴管不能触及所用容器器壁，以免沾污，滴管要专管专用且不能倒置。量取液体体积不要求十分准确时，可利用滴管滴数估计体积，一滴液体大约为 0.05mL。装有药品的滴管不得横置或滴管口向上斜放，以免液体流入滴管的橡胶头中。

倾注法：从细口瓶中取用液体试剂时用倾注法，如图 1-5 所示。先将瓶塞取下，倒放在桌面上，手握住试剂瓶上贴标签的一面，逐渐倾斜试剂瓶，让试剂沿着洁净的试管壁流入试管或沿着洁净的玻璃棒注入烧杯中。倒出所需量后，将试剂瓶口在容器上靠一下，再逐渐竖起试剂瓶，以免遗留在瓶口的液滴流到瓶的外壁。

图 1-5　倾注法

量取法：定量取用液体时，用量筒或移液管（见 p28 移液管的使用）。可用量筒量取一定体积的液体，根据需要选用不同容量的量筒。量取液体时，要按图 1-6 所示，使视线与量筒内液体的凹液面的最低处保持水平，偏高或偏低都会读不准而造成较大的误差。

五、固体的溶解、蒸发和结晶

1. 溶解

待溶解的固体颗粒较小时，可用适量水直接溶解，若固体颗粒较大，应先用研钵进行研磨粉碎，研钵中加入不超过研钵总体积 1/3 的固体，缓慢沿一个方向进行研磨，不要在研钵中敲击固体样品。

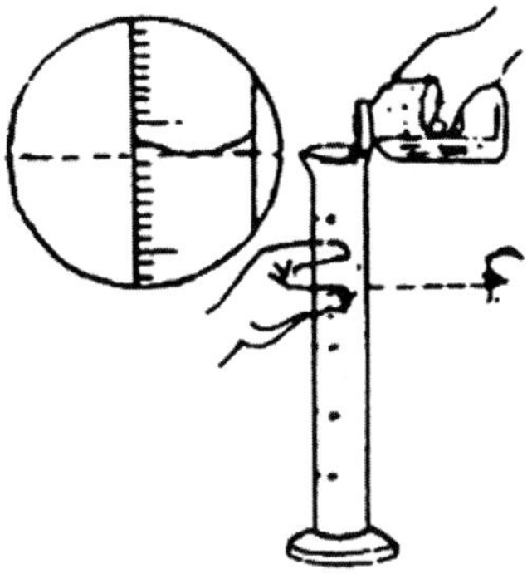

图 1－6　用量筒量取溶液

为了加速固体的溶解，可以采用加热和搅拌等方式。搅拌时手持玻璃棒并转动手腕，使玻璃棒在液体中均匀转圈。注意搅拌时不要碰击或摩擦容器内壁，也不要用力过猛，防止溶液飞溅。

2. 蒸发

用加热的方法从溶液中除去部分溶剂，从而提高溶液的浓度或使溶质析出的操作叫蒸发。无机实验中常用的蒸发容器是蒸发皿，它能使被蒸发液体具有较大的表面积，有利于蒸发。使用蒸发皿蒸发液体时，蒸发皿内所盛液体体积不得超过总容量的 2/3。若待蒸发液体较多时，可随着液体的被蒸发而不断添补。随着蒸发过程的进行，溶液浓度增加，蒸发到一定程度后冷却，就可析出晶体。当物质的溶解度较大且随温度的下降而变小时，只要蒸发到溶液出现晶膜即可停止；若物质溶解度随温度变化不大时，为了获得较多的晶体，需要在晶膜出现后继续蒸发。如果希望得到好的结晶（大晶体）时，则不易过度浓缩。

3. 结晶与重结晶

使固体物质从溶液中析出的过程叫结晶。结晶的方法一般是把溶液进行加热，使溶液蒸发到一定浓度（或饱和溶液）后，再将溶液冷却，就会有晶体析出。

析出晶体的颗粒大小及纯度与冷却速度有关。

（1）迅速冷却热溶液或进行搅动，得到的是纯度较高的细小晶体。有时溶液已达过饱和状态，仍无晶体析出，在这种情况下，可以往溶液中加入一小粒晶体作为“种子”，来促进晶体的生成。用摇动容器或用玻璃棒摩擦容器壁，也可达到同样效果。

（2）将溶液慢慢冷却或静置溶液，可以得到晶形规则、颗粒较大的晶体，但晶体的纯度不高。这是因为连接着大颗粒晶体的间隙中可能包有母液或别的杂质。

重结晶是提纯物质（晶体）的一种方法。第一次结晶所得到的晶体纯度往往是不符合要求的，需要进行纯制。重结晶就是用少量溶剂使含有杂质的晶体溶解，然后再进行蒸发和结晶。重结晶利用被提纯物质与杂质在溶剂中溶解度不同的原理，当一种物质（被提纯物质或杂质）还在溶液中时，另一种物质已从溶液中析出，从而达到两者分离的目的。由此可见进行重结晶最关键的是选择合适的溶剂。

六、固液分离方法

固液分离方法主要有倾析法、过滤法和离心分离法。

1. 倾析法

当沉淀的相对密度较大或固体的颗粒较大，沉淀很快沉降至容器的底部时，静置后固液分层，常用倾析法将二者分离，如图 1－7 所示。将沉淀上部的溶液倾倒入另一容器中使沉淀与上层液体分离。如需洗涤沉淀，可采用少量洗涤剂加入盛有沉淀的容器中，充分搅拌，静置沉降，倾析。重复操作 2～3 次可将沉淀洗净。

图 1－7　倾析法

2. 过滤法

过滤是最常用的固液混合物分离方法，当沉淀和溶液经过过滤器时，沉淀留在过滤器上，溶液通过过滤器而进入容器中，所得溶液叫滤液，留在过滤器上的沉淀称为滤饼。常用的过滤方法有常压过滤（普通过滤）、减压过滤（抽滤）和热过滤。过滤速度受溶液的温度、黏度、压力、沉淀的状态和颗粒大小的影响，因此，应根据具体情况选择不同的过滤方法。溶液黏度愈小，过滤愈快，通常热的溶液黏度小，采用热过滤法比较容易；减压过滤利用负压强而使过滤加快；如果沉淀是胶状的，可在过滤前加热破坏溶胶，促使胶体聚沉，以免胶状沉淀透过滤纸。

（1）常压过滤。

如图 1 - 8 所示，根据所用漏斗大小和角度选择并折叠滤纸，以便使两者密合，润湿后无气泡存在。过滤时，先转移溶液，后转移沉淀，每次转移量不得超过滤纸高度的 2/3。如需洗涤沉淀，当上清液转移完毕后，于沉淀中加入少量洗涤剂，搅拌洗涤，静置沉降，过滤转移洗涤液，重复操作 2 ~ 3 次，最后将沉淀转移至滤纸上。

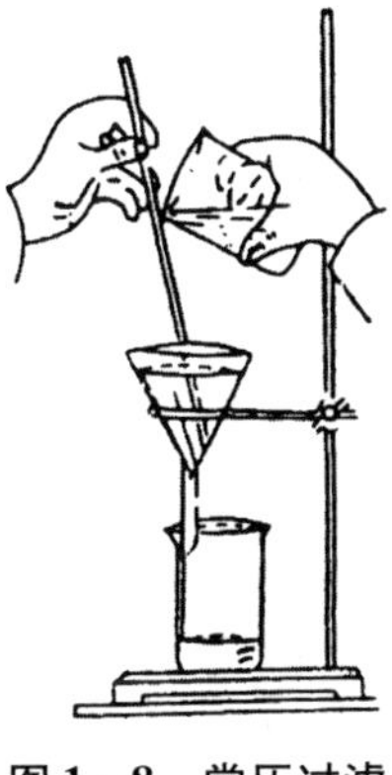

图 1 - 8　常压过滤

（2）减压过滤。

减压过滤是利用抽气泵抽气造成布氏漏斗内液面与吸滤瓶内的压力差，使过滤速度加快，沉淀物表面干燥的方法，其具体操作方法及注意事项见 p29（减压过滤操作方法）。

（3）热过滤。

若溶液中的溶质在温度下降时易析出结晶，我们又不希望它在过滤过程中留在滤纸上，常趁热过滤。也可采用图 1 - 9 装置进行热过滤，过滤时，把玻璃漏斗放在铜制的热滤漏斗内，热滤漏斗内装有热水（不要太满，以免水加热至沸腾溢出）以维持溶液的温度，也可以事先把玻璃漏斗在水浴上用蒸汽加热再使用。热过滤选用的玻璃漏斗颈越短越好。

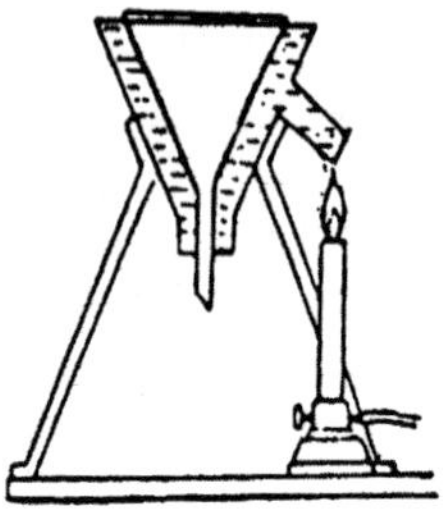

图 1－9　热过滤

3. 离心分离法

当试管中得到的少量溶液与沉淀需要分离时，常采用离心分离法，其操作简单且快速。实验室常用离心机进行离心分离，其使用方法及注意事项见 p36（离心机的使用）。

七、误差和有效数字

化学是一门实验科学，常常需要涉及物理量的测量。例如我们测量的质量、体积、密度、浓度、压强等都是物理量。在测定某一物理量时，往往要求实验结果具有一定的准确度，否则将导致错误的结论。由于受分析方法、测量仪器、所用的试样和分析工作者主观条件等方面的限制，所得结果总伴有一定的误差。

1. 准确度与误差

准确度是指实验测定值（x）与真实值（T）之间的符合程度，常用误差的大小来衡量。误差有绝对误差和相对误差。绝对误差是指测定值与真实值之间的差值。相对误差是指绝对误差占真实值的百分率。即：

绝对误差 $= x - T$

相对误差 = 绝对误差$/T \times 100\%$

误差越小，表示实验结果与真实值越接近，测定的准确度也越高。与绝对误差相比，相对误差更能反映出实验结果的准确程度，因此，在滴定分析中多采用相对误差来表示测量的准确度。

2. 精密度与偏差

精密度是指多次重复测定的结果相互接近的程度，是保证准确度的前提。偏差是指各次测定的结果和平均值之间的差值。偏差越小，精密度越高。

偏差分为绝对偏差（d）、相对偏差、平均偏差（$\bar{d}$），它们的表达式为：

绝对偏差 $d = x - \bar{x}$；

相对偏差 $= \dfrac{d}{\bar{x}} \times 100\%$；

平均偏差 $\bar{d} = (|d_1| + |d_2| + |d_3| + \cdots + |d_n|)/n = \sum |d_i|/n$。

3. 误差的产生与避免

在分析过程中，误差是客观存在的。在一定条件下的测定结果只能趋近于真实值，而不能达到真实值。在任何一种测量中，无论所用仪器多么精密，测量方法多么完善，测量过程多么精细，但测量结果总是不可避免地带有误差。测量过程中，即使是技术非常娴熟的人，用同一种方法，对同一试样进行多次测量，也不可能得到完全一致的结果。这就是说，绝对准确是没有的，误差是客观存在的。实验时应根据实际情况正确测量、记录并处理实验数据。使分析结果达到一定的准确度。在实验测定中，导致误差产生的原因有许多。根据其性质的不同，可以分为系统误差、偶然误差两大类。

(1)系统误差。

系统误差是由分析时某些固定的原因造成的。在同一条件下重复测定时，它会重复出现，其大小和正负往往可以通过实验测定，从而对此加以校正，因此，系统误差又称可测误差。产生系统误差的原因主要有以下几种：

①方法误差：由于分析方法本身不够完善而引起的误差。例如，滴定分析反应进行不完全、有干扰物质存在、滴定终点与化学计量点不一致以及有其他反应发生等，都会产生方法误差。

②仪器或试剂误差：由于测定时所用仪器不够准确而引起的误差称为仪器误差。例如，分析天平砝码生锈或质量不准确、容量器具和仪器刻度

不精确等都会产生此种误差。测定时，所用试剂或蒸馏水中含有微量杂质或干扰物质而引起的误差称为试剂误差。

③操作误差：在正常情况下由于主观因素造成的误差。例如滴定管的读数偏高或偏低，操作者对颜色的敏感程度不同造成辨别滴定终点颜色偏深或偏浅等。

(2)偶然误差。

偶然误差又称随机误差，是由一些难以预料的偶然外因引起的，如分析测定中环境的温度、湿度、气压的微小变动以及电压和仪器性能的微小改变等都会引起测定数据的波动而产生随机误差。它的数值的大小、正负都难以控制，但服从统计规律，即大随机误差出现的概率小，小随机误差出现的概率大，绝对值相同的正、负随机误差出现的概率大体相等，它们之间常能相互抵消。所以随机误差不能通过校正的方法来减小或消除，但可通过增加平行测定次数来减小测量结果的随机误差。在消除系统误差的前提下，用多次测定结果的平均值代替真实值，就保证了结果的准确。

此外，有时还可能由于分析工作者的粗心大意或不按操作规程操作造成误差。例如，滴定时滴定管活塞松动、溶液溅失、加错试剂、读数、记录和计算错误等，这些都是不应有的过失。只要我们在操作中认真严格遵守操作规程，这些错误是可以避免的。

在分析工作中出现较大误差时，应查明原因。如是因过失所引起的错误，则应将该次测定结果弃去不用。

4. 有效数字

有效数字是指在科学实验中实际能测量到的数字。在这个数字中，最后一位数是“可疑数字”，也是有效的，其余各位都是准确的。有效数字与数学上的数字含义不同。它不仅表示量的大小，还表示测量结果的可靠程度，反映所用仪器和实验方法的准确度。

(1)有效数字位数的确定。

到底要读取几位有效数字，要根据测量仪器和观察的精确程度来决定。例如，在台秤上称量某物质量为 7.8g，因为台秤一般只能准确到 0.1g，所以该物的质量可表示为(7.8 ±0.1)g，它的有效数字是两位。在用最小刻度为 1mL 的量筒测量液体体积时，测得体积为 17.5mL，其中 17mL 是直接由量筒的刻度读出的，而 0.5mL 是估计的，所以该液体在量筒中的准确读数可表示为 (17.5 ±0.1)mL，它的有效数字是三位。

可见，有效数字与仪器的精确程度有关。因此，在记录测量数据时，任何超过或低于仪器精确程度的有效位数的数字都是不恰当的。如果在台秤上称得某物的质量为 7.8g，不可记为 7.800g，在分析天平称得某物的质量为 7.8000g，亦不可记为 7.8g，因为前者夸大了仪器的精确度，后者缩小了仪器的精确度。

"0"在数字中的位置不同时其含义是不同的，有时算作有效数字，有时则不算。"0"在数字前，仅起定位作用，本身不算有效数字。如 0.0124，数字"1"前的两个"0"都不算有效数字，该数是三位有效数字；如果"0"在数字中间，算有效数字。如 4.006 中的两个"0"都是有效数字，该数是四位有效数字；"0"在数字后，也算有效数字。如 0.0350 中，"5"后面的"0"是有效数字，该数是三位有效数字；"0"结尾的正整数，有效数字位数不定。如 2500，其有效数字值数可能是两位、三位甚至是四位。这种情况应根据实际改写成科学记数法，如 2.5×10^3（两位），或 2.50×10^3（三位）等。

在分析中常见的 pH、pK 或 lg$K$ 等对数值，其有效数字的位数仅取决于小数部分的位数，整数部分仅说明该真数中 10 的方次数。如 pH = 10.68，其有效数字位数为两位，而不是四位，这是因为其真数即 $[H^+]=2.1\times10^{-11}mol\cdot L^{-1}$是两位有效数字。

（2）有效数字的运算规则。

①加减法。在进行加减运算时，所得结果的小数点后面的位数应该与各加减数中小数点后面位数最少者相同。

例如，0.0231、24.57 和 1.16832 三个数相加，24.57 的数值小数点后位数最少，故其他数值也应取小数点后两位，其结果是：$0.02+24.57+1.17=25.76$。

②乘除法。在进行乘除运算时，所得结果的有效数字的位数应与各数中有效数字位数最少的相同，而与小数点的位置无关。

例如，0.0231、24.57 和 1.16832 三个数相乘，0.0231 的有效数字最少，只有 3 位，故其他数字也只取 3 位。运算的结果也保留 3 位有效数字：$0.0231\times24.6\times1.17=0.665$。

③平方、立方、开方运算。计算结果的有效数字位数应与原数的有效数字位数相同。

在计算时，为简便起见，可以在进行计算前就将各数值简化，再进行计算。需要说明的是，在进行计算的中间过程中，可多保留一位有效数字，以消除简化数字中累积的误差。只有在涉及直接或间接测定的物理量时才考虑有效数字，对那些不测量的数值如 π、e 等没有可疑数字，其有效数字位数可以认为是无限的，所以取用时可以根据需要保留。其他如相对原子质量、摩尔气体常数等基本数值，如需要的有效数字少于公布的数值，可根据需要保留数值。

八、常用仪器的使用方法

1. 电子天平的使用

电子天平是一种新型天平，常见的有直立式与顶载式两种，在分析化学中常用的是精度为 0.1mg 直立式电子天平。

以上海恒平科学仪器有限公司生产的 FC204 型电子天平为例，简要介绍电子天平的使用方法。FC204 型电子天平的外形结构及控制板，如图 1－10 所示。其使用方法如下：

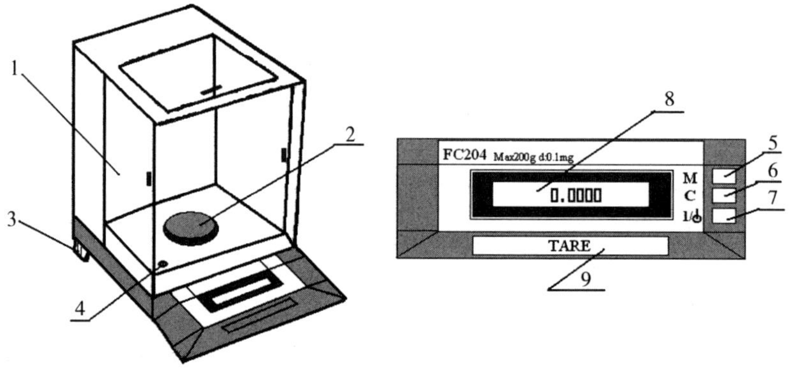

图 1－10　FC204 型电子天平的外形及控制面板

1. 天平门　2. 天平盘　3. 水平调整脚　4. 水平泡　5. M 键　6. C 键　7. I/⏻ 键　8. 显示屏　9. TARE 键

（1）调整水平：观察水平仪，如果水平仪水泡偏移，需调整水平调整脚，使水泡位于水平仪中心。

（2）校准：天平安装后，第一次使用前，应对天平进行校准。因存放时间较长、位置移动、环境变化或为获得精确测量，天平在使用前一般都应进行校准操作。其具体方法如下：

①接通电源将天平预热 30 分钟。

②从天平盘上取走任何加载物，按“TARE”键，清零。

③待天平稳定后，按“C”键，显示屏上显示 C 后，轻轻将校准砝码放置天平盘中央，关闭天平门。

④当听到“嘟”声后，即显示校准砝码值，然后取出砝码，天平校准完毕。

（3）称量：按“TARE”键，显示为零后，置被称物于天平盘上，待数字稳定后，即可读取所称物品重量。

（4）去皮称量：按“TARE”键清零，置容器于天平盘上，天平显示容器质量，再按“TARE”键，显示为零即去皮重。再置被称物于容器中，或将被称物（粉末状物或液体）逐步加入容器中直至达到所需质量，这时显示的是被称物的净质量。将天平盘上所有物品拿走后，天平显示负值，按“TARE”键，天平显示 0.0000g。

（5）称量结束后，按“I/⏻键”关闭显示器。

2. 容量瓶和移液管（吸量管）的使用

（1）容量瓶的使用。

容量瓶是准确配制一定物质的量浓度的溶液所用的精确仪器。它是带有磨口玻璃塞的细长颈、梨形的平底玻璃瓶，瓶颈上有刻度。当瓶内体积在所指定温度下达到标线处时，其体积即为所标明的容积。容量瓶有多种规格，小的有 5mL、25mL、50mL、100mL，大的有 250mL、500mL、1000mL、2000mL 等。

下面简要介绍实验室中使用容量瓶配制溶液的方法：

①检漏。容量瓶使用前检查是否漏水，方法是：注入自来水至容量瓶标线附近，盖好瓶塞，左手食指按住瓶塞，右手拿住瓶底将瓶倒立，如图 1－11 所示，观察瓶塞周围是否有水渗出。若不漏水，旋转瓶塞 180°，再倒置一次，观察瓶塞周围是否有水渗出。符合要求后再洗涤至不挂水珠，方可使用。

②溶解、转移、定容。用固体配制准确浓度的溶液，将准确称量的固体在烧杯中溶解（若溶解热较大需冷却），再转移到容量瓶中，操作方法，见图 1－12。然后用少量蒸馏水洗涤烧杯 3～5 次，洗涤液合并于容量瓶中，以确保溶质的定量转移。向容量瓶中加蒸馏水至 2/3 体积时，摇动容

量瓶使之初步混匀（注意不能倒立），当加水接近标线时，可用滴管或洗瓶缓缓滴至溶液凹液面最低处恰好与标线相切。盖紧瓶塞，上下倒转容量瓶多次，使溶液充分混匀，否则将会带来较大的误差。

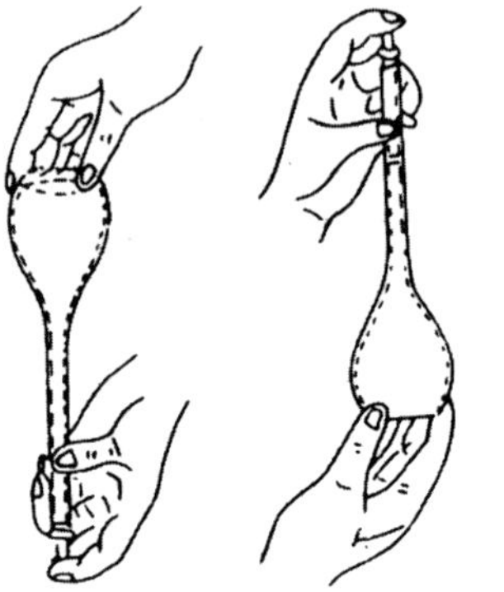

图 1－11　检漏

图 1－12　溶液转入容量瓶的操作

③移液。溶液配好后，应转移到试剂瓶中，容量瓶一般不作试剂瓶用。试剂瓶要先用配好的溶液少量冲洗 2～3 次，然后将溶液全部转入试剂瓶中。

④放置。容量瓶用完后，洗净、晾干。在瓶口与玻璃塞之间垫以纸条，以防下次使用时，塞子打不开。容量瓶不可用任何方式加热或烘烤。

（2）移液管（吸量管）的使用。

移液管是用来准确移取一定体积的液体的量器。移液管中间有一膨大部分的玻璃管，其下端为尖嘴状，上端管颈处刻有一标线，是所取的准确体积的标志。移液管只用来移取固定量的液体，常用的移液管有 5mL、10mL、25mL、50mL 和 75mL 等规格。

吸量管又称刻度移液管，它是带有分刻度线的直形玻璃管，用于移取非固定量的液体。常用的吸量管有 1mL、2mL、5mL 和 10mL 等规格，移液管和吸量管所移取的体积通常可准确到 0.01mL。

移液管和吸量管的使用方法相似，具体操作如下：

①洗涤。使用前将吸管依次用洗液、自来水、蒸馏水洗涤干净。用滤纸将管下端内外的水吸净，然后用少量被移取液洗涤 3 次，以保证被吸溶液浓度不变。

②吸液。用移液管吸取溶液时，左手拿洗耳球，右手拇指及中指拿住

管颈标线以上地方，将移液管尖端插入待取液中，吸液至标线以上，立即用右手的食指按住管口，见图 1－13。

③调节液面（调零）。将移液管向上提升离开液面，管的末端仍靠在盛溶液器皿的内壁上，管身保持直立，略微放松食指（有时可微微转动吸管）使管内溶液慢慢从下口流出，直至溶液的凹液面底部与标线相切为止，立即用食指压紧管口。将尖端的液滴靠壁去掉，移出移液管，插入承接溶液的器皿中。

④放液。将接受溶液的容器倾斜 45°角，移液管直立，管尖靠在接受器内壁上，稍松开食指，让溶液沿瓶壁慢慢流下，等溶液全部流出后，稍等 10～15 秒，取出移液管，见图 1－14。注意不能将留在管口的少量液体吹出，因校准时已考虑了末端保留的溶液的体积。

图 1－13　吸液

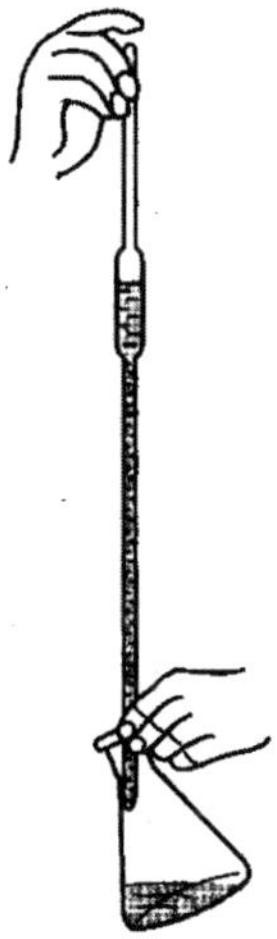

图 1－14　放液

⑤使用完毕，应将吸管洗净，放在管架上晾干，切勿烘烤。

吸量管吸取溶液的方法与移液管相似，不同之处在于吸量管能吸取不同体积的液体。用吸量管取溶液时，一般使液面从某一分刻度（一般最高线）落到另一分刻度，使两分刻度之间的体积恰好等于所需体积。

3. 减压过滤操作方法

减压过滤操作又称抽滤，其装置如图 1－15 所示，由布氏漏斗、吸滤瓶，真空泵等组装而成。其原理是利用抽气泵的作用使吸滤瓶中的压强降低，吸滤瓶内与布氏漏斗液面产生负压，以达到固液分离的目的。减压过滤的优点是过滤速度快，液体和固体分离比较完全且滤出的固体容易干燥。

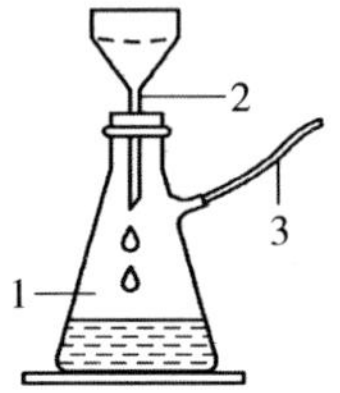

图 1 – 15　减压过滤

1. 吸滤瓶　2. 布氏漏斗　3. 接真空泵

减压过滤操作过程如下：

（1）按照图 1 – 15 所示安装仪器，注意布氏漏斗下端斜面应朝向吸滤瓶的支管口。检查布氏漏斗与吸滤瓶之间连接是否紧密，真空泵连接口是否漏气。

（2）修剪滤纸，使其略小于布氏漏斗，但要把所有的孔都覆盖住，并滴加蒸馏水润湿滤纸，微微开启抽气阀门使滤纸与漏斗连接紧密。

（3）打开抽气泵开关，倒入固液混合物，开始抽滤。尽量使要过滤的物质处在布氏漏斗中央，防止其未经过滤，直接通过漏斗和滤纸之间的缝隙流下。

（4）过滤完之后，应先拔掉吸滤瓶接管，后关真空泵电源。

（5）从漏斗中取出固体时，应将漏斗从吸滤瓶上取下，左手握漏斗，倒转，用右手拍击左手，使固体连同滤纸一起落入洁净的纸片或表面皿上。揭去滤纸，再对固体做干燥处理。吸滤瓶中的溶液应从上口倒出。

减压过滤不宜过滤胶状沉淀或颗粒太小的沉淀，因为胶状沉淀在快速过滤时已透过滤纸。颗粒太小的沉淀易在滤纸上形成一层厚实的沉淀层，溶液不易透过。在抽滤过程中，当漏斗里的固体层出现裂纹时，应用玻璃塞之类的东西将其压紧，堵塞裂纹。如不压紧也会降低抽滤效率。

如果过滤的溶液具有强酸性、强碱性或强氧化性时，溶液会破坏滤纸，此时要用玻璃纤维代替滤纸或用玻璃砂漏斗代替布氏漏斗进行过滤。

4. 恒温水浴锅和恒温干燥箱的使用

(1) 恒温水浴锅。

电热恒温水浴锅一般由金属制成，见图 1 - 16，分为单列二孔、双列四孔、双列六孔等。锅体为两层壁结构，外壳是薄钢板，内壁用铜皮制成，夹层中充以隔热材料以防止散热。水浴锅内盛水，用电加热维持温度。

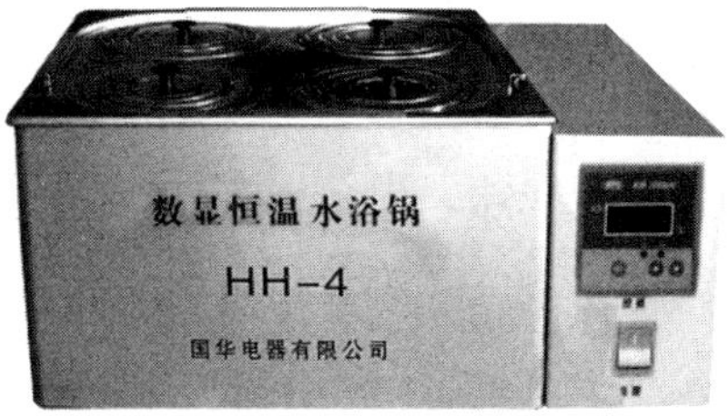

图 1 - 16　恒温水浴锅

①恒温水浴锅的使用方法。

a) 设备安装前应将水浴锅放在平整的工作台上，先进行外观的检查，水浴锅外观应无破损，仪表外观应完整，导线绝缘应良好，插头应完好，电源开关灵敏。每台设备的电源线都接有单相三极插头，其中插头的最上方的电极为接地极，用户使用时必须使用单相三极的电源插座，电源插座的接地极上应有可靠的地线。

b) 通电前先向水浴锅的水槽注入清水（有条件的用蒸馏水，可减少水垢），水浴锅加注清水后应不漏水，液面距上口保持 2 ~ 4cm 的距离，以免水溢出到电气箱内，损坏器件。开启电源开关，电源开关指示灯亮，设备的电源已接通，温度控制仪表显示的数值是当前的水温值。

c) 按照所需要的工作温度进行温度的设定，此时温控仪表的绿灯亮，电加热器开始加热，待水温接近设定温度时，温控仪表的红绿灯开始交替亮灭，表示进入时间比例加热段。加热器开始断续加热以控制热惯性。当水温升至设定温度时，红绿灯按照一定的规律交替亮灭，设备进入恒温段。

d) 试验工作结束以后，关闭电源开关，切断设备的电源，并将水槽内的水放净。

②注意事项：

1）水浴锅使用时，必须先加水后通电，严禁干烧。

2）水浴锅使用时，必须有可靠的接地极以确保使用安全。

3）水位低于电热管，不准通电使用，以免电热管爆裂损坏。

4）水位也不可过高，以免水溢入电器箱损坏元件。

5）定期检查各接点螺丝是否松动，如有松动应加紧固，保持各电气接点接触良好。

6）水浴锅长期不使用时，应将水槽内的水放净并擦拭干净，定期清除水槽内的水垢。

（2）恒温干燥箱。

恒温干燥箱俗称烤箱或烘箱，由箱体、电热器和温度控制器三部分组成，如图1－17所示。

图1－17　恒温干燥箱

①使用方法。

1）将物品放进干燥箱内，将玻璃门与外门关上，并将箱顶上的风顶活门适当旋开。

2）打开电源和风机开关。

3）调节器旋转钮顺时针方向转动至所需设定温度。红色指示灯亮，表示加热，待红灯灭绿灯亮，表示加热停止。视箱顶温度计示数将调节器反复调整至所需温度。

4）温度恒温后，可根据实验需要，令其作一定时间的恒温。在此过程中，可借箱内控温器自动控温，而不需加以人工管理。

5）欲观察工作室试验品情况，可开启箱门，借箱内一玻璃门或观察门观察之。但箱门以不常开启为宜，以免影响恒温，并且当温度升到300℃时，开启箱门可能会使玻璃门急骤冷却而破裂。

②注意事项。

1）使用前必须注意所用电源电压是否相符，并按总功率换算出电流大小，接上相应规格的电源线。

2）带有易燃、易挥发物品切勿放入干燥箱内，以免发生爆炸。

3）在通电使用恒温干燥箱时，切忌用手触及箱左侧空间的电器部分或用湿布揩抹及用水冲洗，检修时应将电源切断。

4）电源线不可缠绕在金属丝上，不可放置在高温或潮湿的地方，防止橡胶老化以致漏电。

5. 比重计及其使用方法

（1）比重计的制作原理。

比重计是一根密闭的玻璃管，一端粗细均匀，内壁贴有刻度纸，另一端稍膨大呈泡状，泡里装有小铅粒或水银，使玻璃管能在被测的液体中竖直浸入足够的深度，并能稳定地浮在液体中，也就是当它受到任何摇动时，能自动地恢复成垂直的静止位置。当比重计浮在液体中时，其本身的重力跟它排开的液体的重力相等。于是比重计在不同的液体中浸入的深度不同，比重计就是利用这一关系刻度的。

（2）比重计的分类。

常用的比重计有两种。一种用来测量密度大于 1g/mL 的液体的密度，称“重表”。它的下端装的铅丸或水银多一些。这种比重计的最小刻度线是“1”。另一种用来测量密度小于 1g/mL 的液体的密度，称“轻表”。它的下部装的铅丸或水银少一些，这种比重计的最大标度线是“1”。使用时，应注意根据液体的密度大于 1 还是小于 1 来选用比重计。目前中学教科书不再讲比重单位而是讲密度单位，但在测密度时仍使用比重计，所测数值无大差异。

（3）比重计的使用方法。

用比重计测量液体密度时先将待测液体注入大量筒中，然后将洁净干燥的比重计慢慢放入溶液中，待比重计稳定后即可读数，但应注意待测液必须有足够的深度，一定要使比重计浮在液体中，不能与容器底部接触；读数时比重计不能紧靠器壁，以免液面变形造成误差，读数时视线要与凹液面最低处在同一水平线上。

6. 酸度计的使用

（1）酸度计的原理。

酸度计是测量溶液 pH 最常用的仪器，它主要是利用一对电极在不同 pH 的溶液中能产生不同的电动势的原理工作的。这对电极由一支玻璃电极和一支饱和甘汞电极所组成。玻璃电极称为指示电极，甘汞电极称为参比电极。玻璃电极使用一种导电玻璃吹制成的极薄的空心小球，球内有 $0.1mol \cdot L^{-1}$ HCl 溶液和 Ag - AgCl 电极，其电极组成式为：

$$Ag(s) \mid AgCl(s) \mid HCl(0.1mol \cdot L^{-1}) \mid 玻璃 \mid 待测溶液$$

玻璃电极的导电薄玻璃膜把两种溶液隔开，即有电势产生。小球内 H^+ 浓度是固定的，所以电极电势随待测溶液的 pH 的不同而改变。在 298.15K 时，玻璃电极的电极电势为：

$$E_{玻璃} = E^{\ominus}_{玻璃} + 0.05916V \times pH$$

上式中：$E_{玻璃}$—玻璃电极的电极电势。

$E^{\ominus}_{玻璃}$—玻璃电极的标准电极电势。

测定时将玻璃电极和饱和甘汞电极插入待测溶液中组成原电池，并连接上电流表，即可测定出该原电池的电动势 E。

$$E = E_{甘汞} - E_{玻璃} = E_{甘汞} - E^{\ominus}_{玻璃} - 0.05916V \times pH$$

待测溶液的 pH 为：

$$pH = \frac{E_{甘汞} - E^{\ominus}_{玻璃} - E}{0.05916V}$$

$E_{甘汞}$为一定值，如果 $E^{\ominus}_{玻璃}$已知，即可由原电池的电动势 E 求出待测溶液的 pH。$E^{\ominus}_{玻璃}$可以用一个已知 pH 的缓冲溶液代替待测溶液而求得。

酸度计一般是把测得的电动势直接用 pH 表示出来。为了方便起见，仪器加装了定位调节器，当测量 pH 已知的标准缓冲溶液时，利用调节器，把读数直接调节在标准缓冲溶液的 pH 处。这样在以后测量待测液的 pH 时，指针就可以直接指示待测溶液的 pH，省去了计算手续。一般都把前一步称为“定位”，后一步称为“测量”。已经定位的酸度计，在一定时间内可以连续测量许多个待测溶液。

温度对溶液的 pH 有影响，可根据 Nernst 方程予以校正，在酸度计中已装配有温度补偿器进行校正。

以 pHS - 3C 型酸度计为例来简单介绍酸度计的使用，pHS - 3C 型酸度计是一种数字显示酸度计，采用 pH 复合电极，读数稳定，使用方便。

（2）酸度计的定位与测量：

①仪器准备。

1）电源线插入电源插座，按下电源开关，预热几分钟。

2）将复合电极夹在电极夹上，拉下电极前端的电极套。

②定位。

1）清洗电极，用滤纸吸干，将酸度计放入标准缓冲溶液 1 中（一般为 pH =6.86）。

2）用温度计测量当前标液温度，按“温度△”键，或“温度▽”键调节温度显示值上升或下降，使温度显示值和标液温度一致，然后按“确认”键，完成设置。

3）待 pH 读数稳定后，按“定位”键，仪器提示“Std yE5”字样，按“确认”键，仪器自动识别并显示当前温度下标液的 pH 值；再次按“确认”键，即完成一点标定（斜率为 100%）。

4）如果需要二点标定，则再次清洗电极，将电极放入标液 2 中（一般为 pH =4.00 或 pH =9.18）；再次测量标液 2 的温度，仪器设置为相应的温度值；待 pH 读数稳定后，按“斜率”键，仪器提示“Std yE5”字样，按“确认”键，仪器自动识别并显示当前温度下标液的 pH 值；再次按“确认”键，即完成二点标定。

5）如果用户使用其他的标准缓冲溶液进行标定，则可在最后一次确认前，手动调节显示的 pH 数据至当前温度下对应的标液的 pH 值，然后按“确认”键。

③测量 pH。

将电极夹上移，用蒸馏水冲洗电极头部，并用滤纸吸干。把复合电极浸入被测溶液中，轻轻摇动溶液使浓度均匀，在显示屏上读出溶液的 pH 值。

使用注意事项：

1）在每次放入不同溶液之前，酸度计的复合电极都需用蒸馏水冲洗并擦拭干净。

2）使用时，应避免电极的敏感玻璃泡与硬物接触，因为任何破损或擦毛都会使电极失效；测量结束后，及时将电极插入电极保护套中，电极套内应放饱和 KCl 溶液，以保持电极玻璃泡的湿润，切忌浸泡在蒸馏水中。

3）酸度计测量前必须用已知 pH 的标准缓冲溶液进行标定，若连续使用，每 24 小时要标定一次。

7. 离心机的使用

（1）原理及应用。

离心机是利用转子产生的高速离心力，加快颗粒的沉降速度，把样品中不同沉降速度和不同浮力密度的物质分离开的机器。离心机主要用于将悬浮液中的固体颗粒与液体分开，或将乳浊液中两种密度不同、又互不相溶的液体分开（例如从牛奶中分离出奶油）。离心机大量应用于化工、石油、食品、制药、选矿和水处理等部门。

（2）使用方法：

①离心机应放置在水平坚固的桌面或平台上，并力求使仪器处于水平位置，以免离心时造成仪器振荡。

②打开电源开关，将预先平衡好的样品对称放置于样品架上，关闭机盖。

③旋动定时旋钮设定离心时间，缓慢旋转转速调节旋钮使仪器转速达到预定要求。

④离心完毕后，将转速调节旋钮调回零位，关闭电源开关。

⑤待离心机完全停止转动时打开机盖，取出离心样品，再关闭机盖。

（3）注意事项：

①离心机应始终处于水平位置，接电压匹配的电源，并要求有良好的接地线，检查机腔有无异物。

②放置离心试管时要以“平衡对称”为原则。如果出现单一的样品，可以用相同或相近密度的液体（通常用水代替）装入离心管，放在对称位置，来完成离心工作。

③离心机在转动时严禁打开机盖，防止离心管因振动而破裂后玻璃碎片旋转飞出，造成事故。

④挥发性或腐蚀性液体离心时，应使用带盖的离心管，并确保液体不外漏，以免侵蚀机腔或造成事故。

⑤离心过程中若发现异常现象，应立即关闭电源，报请技术人员检修。

8. 电导率仪的使用

DDS－11A 型电导率仪是常用的电导率测量仪器，它除能测量一般溶液的电导率外，还能测量高纯水的电导率。该仪器广泛用于水质监测、水中含盐量、大气中 SO_2 的含量测定及电导滴定等。

DDS－11A型电导率仪使用方法：

（1）仪器的准备。

接通电源，仪器预热10分钟。将电极固定在电极夹上，再将电极头浸入盛有被测溶液（或水）的烧杯中，将电极插头插入插座。

（2）电极类型设置。

由于仪器配套使用四种不同的电极常数类型，它们分别是0.01，0.1，1.0和10.0，仪器使用以上不同类型的电极时，必须先对仪器进行设置。

电极类型的设置方法，按仪器“设置”键，再按“↑”或“↓”键进行选择，确认与使用的电极类型相符，然后按“确认”键，仪器自动返回测量状态。出厂状态电极类型为“1.0”。

（3）电极常数设置。

在测量状态下，按仪器的“设置”键，仪器显示电极常数值，再按“↑”或“↓”键调至与使用的电极常数值相符，然后按“确认”键，仪器自动返回到测量状态。

（4）温度设置。

在测量状态下，按仪器的“温度”键，仪器显示温度值，再按“↑”或“↓”键进行置数，调至与待测量样品的温度一致，然后按“确认”键，仪器自动返回到测量状态。

（5）温度补偿系数设置。

在测量状态下，按仪器的“温度”键，仪器显示“系数”和温度补偿系数数值，再按“↑”或“↓”键进行置数，调至温度补偿系数为2.00，然后按“确认”键，仪器自动返回到测量状态。

（6）测量模式切换。

按仪器的“测量”键，可以选择电导率、电阻率和TDS的测量。如希望下次开机直接进入所选的测量模式，可以按一次“确认”键进行确认。

（7）样品的测量。

用去离子水清洗电极，并用吸水纸吸干电极上的水分，将电极插入待测溶液中，读数稳定后，记录待测溶液的电导率。

（8）测量结果的保存与查阅。

如需保存本次的测量结果，可按仪器的“保存”键进行保存。大约2秒后自动返回测量状态，其中原温度显示位置显示“AdXX”，XX是本次保存的第几组数据。在测量状态下，按仪器的“查阅”键，可以查阅之前保存的测量数据。

9. 分光光度计的使用

（1）分光光度计的基本原理。

物质在光的照射下，对光产生了吸收，物质对光的吸收是具有选择性的。各种不同的物质都具有其各自的吸收光谱。因此，某种单色光通过溶液时，其能量就会因被吸收而减弱，光能量减弱的程度和物质的浓度有一定的比例关系，如图 1－18 所示，它们之间的定量依据是朗伯－比尔定律。物质吸收光的程度可以用吸光度 A 或透光率 T 表示。定义：

$$A = \lg \frac{I_0}{I} \quad T = \frac{I}{I_0}$$

上式中：I_0 为入射光强度，I 为透射光强度。

所以，

$$A = \lg \frac{I}{T}$$

朗伯－比尔定律的数学表达式为：

$$A = \varepsilon bc$$

注：式 1－7 中，A—为吸光度；

c—溶液的浓度，$mol \cdot L^{-1}$；

b—液层厚度，cm；

ε—摩尔吸光系数，$L \cdot mol^{-1} \cdot cm^{-1}$。

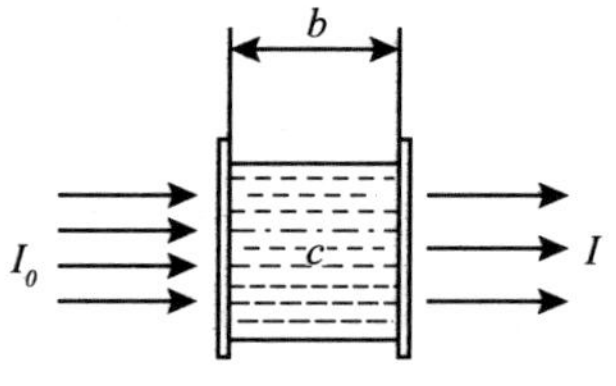

图 1－18　光吸收原理图

从以上公式可以看出，当入射光、吸收系数和液层厚度不变时，吸光度随溶液浓度的变化而变化。

分光光度计的基本原理是根据朗伯－比尔定律设计的。在这里简单介绍以下两种常用的分光光度计。

（2）22pc 型可见分光光度计。

22pc 型可见分光光度计的外形结构如图 1－19 所示。

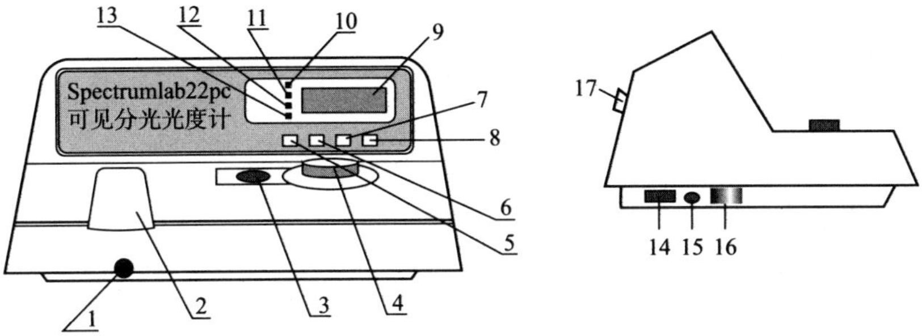

图 1－19　22pc 型可见分光光度计正面及侧面图

1. 试样槽架拉杆　2. 样品室　3. 波长指示窗　4. 波长调节旋钮　5. 模式键　6. 功能键　7. ↓/0% 键　8. ↑/100% 键　9. 显示窗　10. “透射比” 指示灯　11. “吸光度” 指示灯　12. “浓度因子” 指示灯　13. “浓度直读” 指示灯　14. 电源插座　15. 熔丝座　16. 电源开关　17. RS232C 串行接口插座。

22pc 可见分光光度计的使用方法如下：

①预热仪器：打开电源开关 16，显示窗 9 显示数字，预热 30 分钟。

②零点调整：打开暗箱盖或用不透光材料在样品室中遮断光路，然后按 0% 键 7，即能自动调整零位。

③选择波长：使用波长调节旋钮 4，选择当前测试所需波长，具体波长由波长显示窗 3 显示，读出波长时目光要垂直观察。

④调节百分透光度：将空白液置于光路中，关闭暗箱盖（同时打开光门），按下 100% 键 8，即能自动调整 100% T（一次有误差可加按一次）。

⑤确定滤光片位置：本仪器备有减少杂光，提高 340～380nm 波段光度准确性的滤波片，位于样品室内侧，用一拨杆来改变位置。当测试波长在 340～380nm 波段内如作高精度测试，可将拨杆推向前，通常可不使用此滤光片，可将拨杆置在 400～1000nm 位置。

⑥改变标尺：本仪器有四种标尺，各标尺间的转换用 模式 键 5 操作，由 “透射比”“吸光度”“浓度因子”“浓度直读” 指示灯分别指示，开机初始状态为 “透射比”，每按一次顺序循环。

⑦溶液测定：将待测液盛于比色皿并置于比色池中，关闭暗箱盖，轻

轻拉动比色皿座架拉杆，使待测液进入光路，进行测定。测完后应打开暗箱盖，以免光电管疲劳。

实验完毕，切断电源，将比色皿洗涤干净并用软纸将比色皿与座架、暗箱擦净。

（3）752s 型紫外分光光度计。

752s 型紫外分光光度计的外形结构如图 1－20 所示：

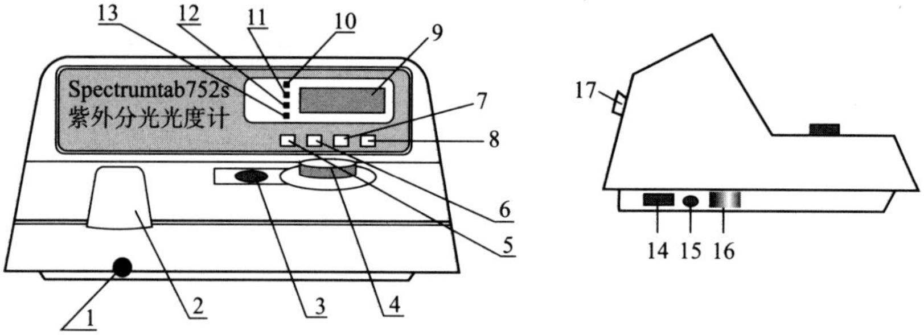

图 1－20　752s 紫外分光光度计正面图和侧面图

1. 试样槽架拉杆　2. 样品室　3. 波长指示窗　4. 波长调节旋钮　5. 模式键　6. 功能键　7. ↓/0% 键　8. ↑/100% 键　9. 显示窗　10. “透射比”指示灯　11. “吸光度”指示灯　12. “浓度因子”指示灯　13. “浓度直读”指示灯　14. 电源插座　15. 熔丝座　16. 电源开关　17. RS232C 串行接口插座。

752s 紫外分光光度计的使用方法：

①预热仪器：打开电源开关 16，显示窗 9 显示数字，预热 30 分钟。

②零点调整：打开暗箱盖或用不透光材料在样品室中遮断光路，然后按[0%]键 7，即能自动调整零位。

③选择波长：使用波长调节旋钮 4，选择当前测试所需波长，具体波长由波长显示窗 3 显示，读出波长时目光要垂直观察。

④调节百分透光度：将空白液置于光路中，关闭暗箱盖（同时打开光门），按下[100%]键 8，即能自动调整 100%T（一次有误差可加按一次）。

⑤改变标尺：本仪器有四种标尺，各标尺间的转换用[模式]键 5 操作，由“透射比”“吸光度”“浓度因子”“浓度直读”指示灯分别指示，开机初始状态为“透射比”，每按一次顺序循环。

⑥溶液测定：将待测液盛于比色皿并置于比色池中，关闭暗箱盖，轻轻拉动比色皿座架拉杆 1，使待测液进入光路，进行测定。测完后应打开

暗箱盖，以免光电管疲劳。

⑦实验完毕，切断电源，将比色皿洗涤干净并用软纸将比色皿与座架、暗箱擦净。

（4）分光光度计使用注意事项：

①工作环境：室温为 5 ~ 35℃，室内相对湿度小于 85%。仪器需安放在稳定的工作台上，避免震动，并避免阳光直射及强烈电磁场干扰，避免灰尘及腐蚀性气体。

②清洁仪器外表时，宜用温水擦拭，请勿用乙醇、乙醚等有机溶剂，不使用时请加防尘罩。

③比色皿每次使用后都用石油醚清洗，并用镜头纸轻拭干净，存于比色皿盒中备用。不能用碱液或氧化性强的洗涤液洗比色皿，以免损坏。也不能用毛刷，以免损坏透光面。

④为了防止光电管疲劳，不测定时必须将比色皿暗箱盖打开，切断光路，以延长光电管的使用寿命。

⑤手拿比色皿时，手指捏住比色皿的毛玻璃面，不要碰比色皿的透光面，以免沾污及磨损。

⑥测定时，一定要用待测液将比色皿内壁洗 2 ~ 3 次，以保证溶液的浓度不变，在测定一系列溶液的吸光度时，通常是按从稀到浓的顺序测定，以减少误差。

第2章 基本操作和基本原理实验

实验一 基本操作练习

【实验目的】

1. 熟悉无机化学实验室的规则和要求，学习预习报告、实验报告的书写方法。

2. 熟悉无机化学实验所用仪器名称、规格，学习玻璃仪器的洗涤和干燥方法。

3. 掌握电子天平的规范操作和常用称量方法。

4. 培养准确、整齐、简明记录实验原始数据的习惯。

【实验原理】

电子天平的称量方法有直接称量法和递减称量法。

1. 直接称量法

一般用于称量不吸水、在空气中性质稳定的固体物质的准确质量。称量时，将被称量物直接放入称量纸或洁净干燥的小烧杯中，在电子天平上直接称出其准确质量。

2. 递减称量法（又称差减法）

多用于称取易吸水、易氧化或易与 CO_2 反应的物质。要求称取物的质量不是一个固定质量，而只要符合一定的质量范围即可。称量时将待称量物放入称量瓶中，称量瓶要用洁净干燥结实的纸条围在称量瓶外壁进行夹取，如图2-1所示，严禁直接用手拿取。首先称出称量物和称量瓶的准确质量 m_1。取出称量瓶，移至小烧杯或锥形瓶上方，将称量瓶倾斜，用称量瓶盖轻敲瓶口上部，使试样慢慢落入容器中，见图2-2。当倾出的试样已接近所需要的质量时，慢慢地将称量瓶竖起，再用称量瓶盖轻敲瓶口上部，使黏在瓶口的试样落在称量瓶中，然后盖好瓶盖将称量瓶放回天平盘上，称出其质量。如果这时倾出的试样质量不足，则继续按上法倾出，直至合适为止，称得其质量 m_2，如此继续进行，可称取多份试样，两次质量之差即为倾出的试样质量。

$$第一份试样质量 = m_1 - m_2$$

$$第二份试样质量 = m_2 - m_3$$

……

图 2－1　称量瓶拿法

图 2－2　从称量瓶中倾出样品

每次称量时，一般将被称量物先在托盘天平上称出其约略质量再移到电子天平上精确称量。这样既可节省称量时间，又不易损坏电子天平。

【实验仪器与试剂】

仪器：试管，烧杯，量筒，锥形瓶，蒸发皿，容量瓶、洗瓶，毛刷，电子天平，称量瓶等。

试剂：NaCl 固体，NaOH 固体，称量纸，纸条，去污粉。

【实验内容】

1. 学习无机化学实验室规则和要求

2. 学习预习报告、实验报告的书写方法

3. 玻璃仪器的认领、洗涤和干燥

（1）按照仪器清单逐个认识和领取无机化学常用玻璃仪器，检查仪器是否完好。

（2）练习玻璃仪器的洗涤。

（3）玻璃仪器的干燥。

①练习在石棉网上用酒精灯小火烘干洗净的烧杯。

②练习加热烘干洗净的试管。

③洗净的试管控干水分，用少量乙醇润湿，倒出乙醇，晾干或吹干。

4. 电子天平称量练习

（1）用直接称量法在电子天平上称出 3 份 NaCl 样品，每份（0.50 ± 0.01)g，将称量结果记录于表 2－1 中。

表 2－1　　直接称量法练习结果记录

记录项目	1	2	3
试样质量 m/g			

（2）用递减称量法在电子天平上称出 3 份 NaOH 样品，每份 0.3 ~ 0.4g，将称量结果记录于表 2－2 中。

表 2－2　　递减称量法练习结果记录

试样序号	称量瓶和试样的质量/g	试样质量/g
	m_1 =	
1	m_2 =	$m_1 - m_2$ =
2	m_3 =	$m_2 - m_3$ =
3	m_4 =	$m_3 - m_4$ =

【思考题】

1. 电子天平称量的直接称量法和递减称量法各有何优缺点？在什么情况下选用哪种方法？

2. 本次称量结果在实验记录中应准确至小数点后几位，为什么？

实验二　溶液的配制

【实验目的】

1. 熟悉有关溶液浓度的计算方法。

2. 掌握一般溶液和标准溶液的配制方法及基本操作。

3. 掌握容量瓶、移液管和吸量管的规范使用操作，巩固电子天平的用法。

【实验原理】

按照溶液浓度准确程度不同，无机化学实验通常配制的溶液可分为一般溶液和标准溶液。

1. 一般溶液的配制方法

（1）直接水溶法。对易溶于水而又不发生水解的固体，如 NaOH、NaCl、$H_2C_2O_4$ 等固体试剂，配制其溶液时，可用台秤称取一定量的固体于烧杯中，加入少量蒸馏水，搅拌溶解后，再用蒸馏水稀释到所需体积，最后倒入试剂瓶中。

（2）介质水溶法。对易水解的固体试剂，如 $SnCl_2$、$SbCl_3$、$Bi(NO_3)_3$ 等，配制其溶液时，称取一定量的固体，加入适量一定浓度的酸（或碱）使之溶解。再用蒸馏水稀释至所需体积，摇匀后转入试剂瓶。

在水中溶解度较小的固体试剂，先选用适当的溶剂溶解后，再稀释，摇匀转入试剂瓶中。如 I_2(固体)，可先用 KI 水溶液溶解，再用水稀释。

（3）稀释法。对于液态试剂，如盐酸、硫酸、氨水等。在配制其稀溶液时，先用量筒量取所需量的浓溶液，然后用蒸馏水稀释至所需体积。但配制 H_2SO_4 溶液时，要注意应在不断搅拌的情况下缓慢地将浓硫酸倒入水中，切不可将水倒入浓硫酸中。

2. 标准溶液的配制方法

（1）直接法。对于符合要求的基准试剂，用电子天平准确称取一定量的试剂于烧杯中，加入适量蒸馏水使之溶解，然后转入容量瓶，再用蒸馏水稀释至刻度，摇匀。

（2）标定法。不符合基准试剂条件的物质，不能用直接法配制标准溶液，但可先配成近似于所需浓度的溶液，然后用基准试剂或已知准确浓度的标准溶液来标定。

（3）稀释法。当需要通过稀释法配制标准溶液的稀溶液时，可用移液管或吸量管准确吸取其浓溶液至容量瓶中，用蒸馏水稀释至所需刻度，摇匀。

【实验仪器与试剂】

仪器：电子天平，台秤，容量瓶（100mL），滴管，移液管（25mL），量筒（10mL，100mL），烧杯（100mL），玻璃棒，洗瓶，皮筋，药匙。

试剂：浓 H_2SO_4，醋酸溶液（2.000mol · L^{-1}），NaOH 固体，NaCl 固体，称量纸，标签纸，乳胶手套。

【实验内容】

1. 配制 1.0mol · L^{-1}硫酸溶液

首先计算配制 1.0mol · L^{-1}硫酸溶液 100mL 所需浓硫酸的体积，用另一量筒量取适量蒸馏水于烧杯中，将量取的浓硫酸缓慢倒入烧杯中并不断搅拌，将配好的溶液倒入试剂瓶中备用。

2. 配制 2.0mol · L^{-1}的 NaOH 溶液

计算配制 NaOH 溶液 50mL 所需固体的质量，用台秤称取固体 NaOH，加 50mL 蒸馏水溶解，将配好的溶液倒入试剂瓶中备用。

3. 准确稀释醋酸溶液

用移液管吸取 2.000mol · L^{-1}的醋酸溶液 25.00mL，移入 100mL 容量中，用蒸馏水稀释到刻度，摇匀，计算其准确浓度。

4. 准确配制一定浓度的 NaCl 溶液

在电子天平上准确称取 0.584 ~0.585g NaCl 固体于烧杯中。加入少量蒸馏水使其全溶解后，转移至 100mL 容量瓶中，再用洗瓶喷出少量蒸馏水淋洗烧杯及玻璃棒数次，并将每次淋洗的溶液转入容量瓶中。最后以蒸馏水稀释至刻度，摇匀，计算其准确浓度。

【思考题】

（1）配制硫酸溶液时应注意什么问题？

（2）用容量瓶配溶液时，要不要先将容量瓶干燥？能否烘干？

（3）用容量瓶配制标准溶液时，是否可以用量筒量取浓溶液？

实验三　酒精喷灯的使用与玻璃仪器的加工

【实验目的】

1. 掌握酒精喷灯的结构和使用方法。

2. 通过简单玻璃工操作训练，学会玻璃管弯曲、滴管拉制和塞子的打孔等技能，为组装简单实验装置打下基础。

【实验原理】

酒精喷灯是实验中常用的热源。主要用于需加强热的实验，如玻璃加工等。酒精喷灯的火力主要靠酒精蒸气与空气混合后燃烧而获得高温火焰，火焰温度在 800℃左右，最高可达 1000℃。酒精喷灯按形状可分为座式喷灯和挂式喷灯两种。学校实验室常用的是座式酒精喷灯，由酒精壶、引火碗、空气调节棒、预热管、喷火管等部分构成，如图 2－3 所示。预热管与喷火管焊在一起，中间有一细管相通，使蒸发的酒精蒸气从喷嘴喷出，在喷火管燃烧。通过空气调节棒，可控制火焰的大小。每耗用酒精 200mL，可连续工作半小时左右。

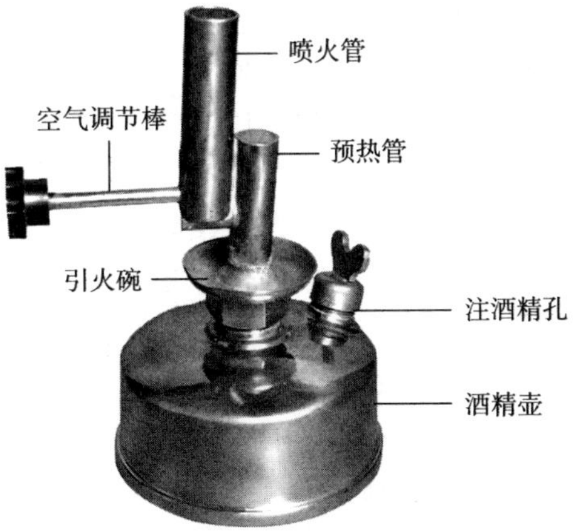

图 2－3　酒精喷灯的构造

酒精喷灯的使用方法：

第一步，旋开加注酒精的螺旋盖，通过漏斗把酒精倒入酒精壶。为了安全，酒精的量不可超过酒精壶容积的80%（约200mL）。随即将盖旋紧，避免漏气。

第二步，先在在引火碗内加入少量酒精，点燃以加热金属灯管（此时要转动空气调节棒把入气孔调到最小）。待酒精壶中的酒精气化，从喷口喷出时，引火碗内燃烧的火焰便可把喷出的酒精蒸气点燃。

第三步，当喷口火焰点燃后，再调节空气量，使火焰达到所需的温度。一般情况下，进入的空气越多，氧气也就越多，火焰温度越高。

第四步，酒精喷灯连续使用不应超过半小时。停止使用时，可用石棉网覆盖燃烧口，同时用湿抹布盖在灯座上，使之降温。喷灯使用完毕，应将剩余酒精倒出。

【实验仪器与试剂】

仪器：酒精喷灯，钻孔器，长玻璃管，玻璃棒，三角锉刀，小砂轮片，打火机，乳胶滴头，橡皮塞。

试剂：灯用酒精。

【实验内容】

1. 简单玻璃工操作

（1）玻璃管（或玻璃棒）的切割。

第一步，截断。将玻璃管（或玻璃棒）平放在桌面上，用锉刀的棱在左手拇指按住玻璃管的地方用力向一个方向锉出一道凹痕，如图2-4（a）所示，然后双手持玻璃管（玻璃棒），凹痕向外，在凹痕上蘸一点水，用拇指在凹痕的后面轻轻外推，同时用食指和拇指把玻璃管向外拉，如图2-4（b）所示，力慢慢地由小到大增加，以折断玻璃管为止。千万不能用蛮力，这样不仅不能获得平整的玻璃截面，而且容易划破自己的手。

第二步，熔光。玻璃管的截断面很锋利，容易把手划破，且难以插入塞子的圆孔内，所以必须在酒精喷灯的氧化焰中熔烧。把截断面斜插入氧化焰中熔烧时，要缓慢地旋转玻璃管，使熔烧均匀，直到熔烧光滑为止。熔烧后的玻璃管应放在石棉网上冷却，不要放在桌子上，以免烫坏桌面，也不要用手去摸，以免烫伤手。

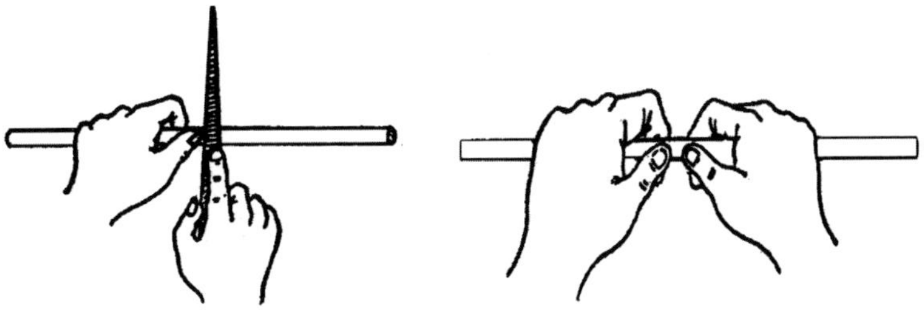

（a）　（b）

图 2-4　玻璃管的切割

（2）弯曲玻璃管。

第一步，烧管。将玻璃管用小火预热一下，然后手持玻璃管，把要弯曲的地方插入酒精喷灯的氧化焰中，见图 2-5（a）所示，以增大玻璃管的受热面积。同时缓慢而均匀地转动玻璃管，两手用力要均等，转速要一致，以免玻璃管在火焰中扭曲，一直加热到玻璃管变软。

第二步，弯管。自火焰中取出玻璃管，稍等片刻（1~2 秒后），使各部温度均匀，迅速准确地把玻璃管弯成所需的角度，待玻管变硬时才停止。弯管的正确的手法是“V”字形，两手在上方，玻璃管的弯曲部分在两手中间的下方，见图 2-5（b）。弯好后等其冷却变硬才可以把玻璃管放在石棉网上继续冷却。

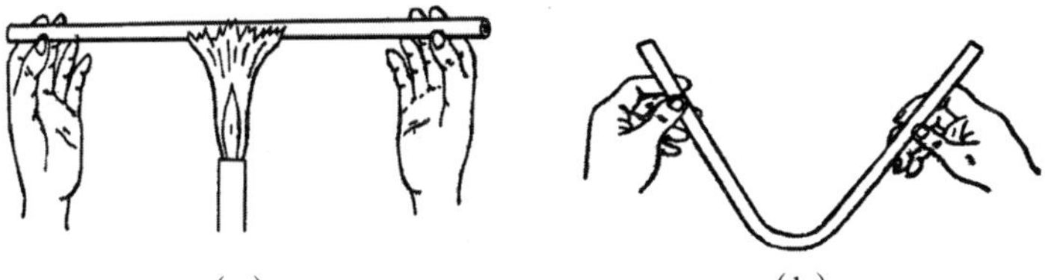

（a）　（b）

图 2-5　玻璃管的弯曲

（3）拉玻璃滴管。

第一步，烧管。拉玻璃滴管时加热玻璃管的方法基本上与弯玻璃管时相同，只是时间要长，玻璃管烧得更软一些。

第二步，拉管。玻璃管应烧到红黄色时才从火焰中取出来，顺着水平方向，边来回旋转玻璃管边拉，拉到所需要的细度为止，如图 2-6 所示。这时双手不能松开，一定要使玻璃管冷却后，才可以把手松开，再按需要用碎瓷片的刃口截断滴管细部。如果要求滴管细部具有一定的厚度，须在烧软玻璃管过程中一边加热一边两手轻轻向中间用力挤压，使中间受热部分管壁加厚，然后按同样方法拉细。

第三步，缘口。滴管细部在氧化焰上瞬时加热，使其圆滑，但不能烧死。滴管尾部在氧化焰上加热，不断旋转，待红热后，在石棉网上挤压，做成喇叭状，以免套上橡胶滴头后脱落。

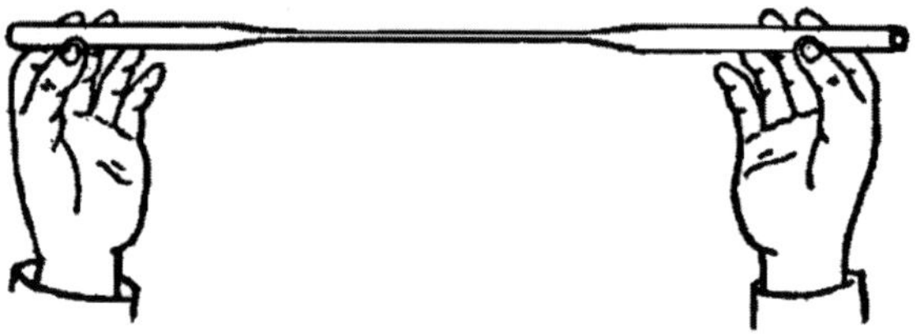

图 2-6　拉玻璃管

2. 塞子的钻孔

（1）塞子的选择。

①类型的选择：软木塞和橡皮塞是实验室最常用的两种塞子。通常根据两种塞子的特点和用塞子时的具体情况来选择合适的塞子。软木塞的优点是不易和有机化合物发生化学反应，缺点是容易漏气、容易被酸碱腐蚀；而橡皮塞的优点是不易漏气、不易被碱腐蚀，缺点是容易被有机化合物所侵蚀或溶胀。一般说来，级别较低的有机实验室多使用橡皮塞，主要考虑安全性和经济成本；级别较高的有机实验室多使用软木塞，主要考虑有机腐蚀和污染试剂、引入杂质等，因为在有机化学实验中接触的主要是有机化合物。

②规格的选择：塞子的规格通常分为六种，即 1 号塞、2 号塞……6 号塞。号数越大，塞子的直径就越大。塞子规格的选择标准是塞子的大小应与仪器的口径相适合，塞子进入瓶颈或管颈部分是塞子本身高度的 1/3～2/3，否则就不适用。使用新的软木塞时只要能塞入 1/3～1/2 时就可以了，因为经过压塞机压软打孔后就有可能塞入 2/3 左右了。

（2）钻孔器的选择。

当化学实验中用到导气管、温度计、滴液漏斗等仪器时，往往需要插在塞子内，通过塞子和其他容器相连，这就需要在塞子上钻孔。

钻孔通常使用不锈钢制成的钻孔器。这种钻孔器是靠手力钻孔的。也有把钻孔器固定在简单的机械上，借助机械力来钻孔的，这种机器叫打孔机。一套钻孔器一般有六支直径不同的钻嘴和一支钻杆，以供选择。

钻嘴的选择根据塞子的类型不同而不同。例如要将温度计插入软木塞，钻孔时就应选用比温度计的外径稍小或接近的钻嘴。而如果是橡皮塞，则要选用比温度计的外径稍大的钻嘴，因为橡皮塞有弹性，钻成后会收缩，使孔径变小。总之，在塞子上所钻出的孔径的大小应该能够使欲插入的玻璃管紧密的贴合、固定。

(3) 钻孔的方法。

软木塞在钻孔之前，需在压缩机上压紧，防止在钻孔时塞子破裂。

钻孔时，先在桌面放一块垫板，其作用是避免当塞子被钻穿后钻坏桌面。然后把塞子小的一端朝上，平放在垫板上。左手紧握塞子，右手持钻孔器的手柄，如图2－7所示。在选定的位置，使钻孔器垂直于塞子的平面，使劲地将钻孔器按顺时针方向向下转动，不能左右摇摆，更不能倾斜，否则，钻得的孔径是偏斜的。等到钻至约塞子的一半时，按逆时针旋转取出钻嘴，用钻杆捅出钻嘴中的塞芯。然后把塞子大的一端朝上，将钻嘴对准小头的孔位，以上述同样的操作钻至钻穿。拔出钻嘴捅出钻嘴中的塞芯。

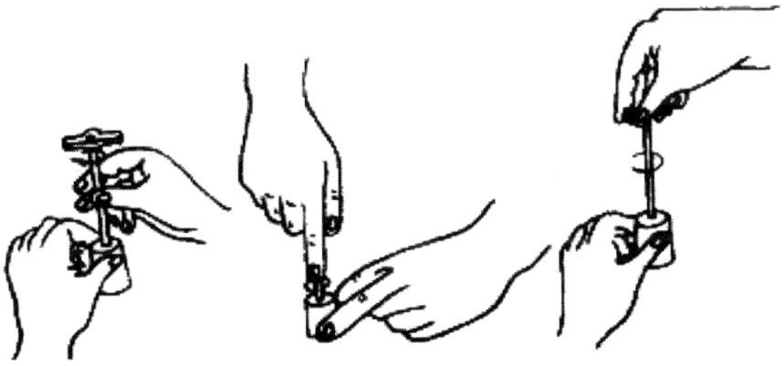

图2－7　钻孔的方法

为了减少钻孔时的摩擦，特别是对橡皮塞钻孔时，可以在钻嘴的刀口上搽一些甘油或者水。

钻孔后，要检查孔道是否合用。如果不费力就能够把玻璃管插入，说明孔径偏大，玻璃管和塞子之间不够紧密贴合，会漏气。相反，如果很费力才能够插入，则说明孔径偏小，插入过程中容易导致玻璃管折断，造成割伤。当孔径偏小或不光滑时，可以用圆锉修整。

【思考题】

（1）熄灭酒精喷灯和熄灭酒精灯有何不同？

（2）截断玻璃管（玻璃棒）时要注意什么？为什么要圆口？

（3）怎样拉毛细管？较小角度的弯管怎样制作？

实验四　粗食盐的提纯与检验

【实验目的】

1. 熟悉提纯粗食盐的原理和 Ca^{2+}、Mg^{2+}、SO_4^{2-} 的鉴定方法。

2. 巩固过滤、转移、蒸发浓缩等基本操作。

3. 学习减压过滤的原理和操作方法。

【实验原理】

粗食盐中含有泥沙等不溶性杂质和由 Ca^{2+}、Mg^{2+}、K^+、I^-、Br^-、SO_4^{2-} 等构成的卤化物、硫酸盐等可溶性杂质。不溶性杂质可通过过滤除去；可溶性杂质可采用化学法，即加入某些化学试剂，使之转化为沉淀后滤除，具体方法如下：

（1）将粗食盐溶于水，向其中加入稍过量的 $BaCl_2$ 溶液，使溶液中的 SO_4^{2-} 转化为 $BaSO_4$ 沉淀，过滤除去 $BaSO_4$ 和其他不溶性的杂质。

$$Ba^{2+} + SO_4^{2-} \xlongequal{\quad} BaSO_4\downarrow(\text{白色})$$

（2）在滤液中加入适量的 NaOH 和 Na_2CO_3 溶液，使溶液中的 Ca^{2+}、Mg^{2+} 以及过量的 Ba^{2+} 转化为沉淀，过滤，除去沉淀。

$$Mg^{2+} + 2OH^- \xlongequal{\quad} Mg(OH)_2\downarrow(\text{白色})$$

$$Ca^{2+} + CO_3^{2-} \xlongequal{\quad} CaCO_3\downarrow(\text{白色})$$

$$Ba^{2+} + CO_3^{2-} \xlongequal{\quad} BaCO_3\downarrow(\text{白色})$$

（3）在滤液中加入适量盐酸，中和过量的 OH^- 和 CO_3^{2-}，使溶液呈微酸性。

$$H^+ + OH^- \xlongequal{\quad} H_2O$$

$$2H^+ + CO_3^{2-} \xlongequal{\quad} H_2O + CO_2\uparrow$$

（4）少量 KBr、KI 等可溶性杂质因含量少且溶解度较大，在 NaCl 结晶过程中仍留在母液中而被除掉。少量多余的盐酸，在干燥 NaCl 时，会以 HCl 的形式逸出。

【实验仪器与试剂】

仪器：电子天平，蒸发皿（125mm），烧杯（100mL），量筒（15mL、25mL），普通漏斗，水循环真空泵，布氏漏斗，吸滤瓶，试管，酒精灯，试管架，漏斗架，石棉网，玻璃棒。

试剂：粗食盐，$BaCl_2$（$1.0mol \cdot L^{-1}$），$NaOH - Na_2CO_3$（$2.0mol \cdot L^{-1}$ NaOH 溶液与饱和 Na_2CO_3 溶液等体积混合）溶液，$(NH_4)_2C_2O_4$ 饱和溶液，NaOH（$2.0mol \cdot L^{-1}$），HCl（$6.0mol \cdot L^{-1}$），镁试剂*，广泛 pH 试纸，打火机，称量纸，定性滤纸。

【实验内容】

1. 粗食盐的提纯

（1）粗盐的溶解。用天平称取 5.0g 研细的粗食盐放入 100mL 的烧杯中，加入 20mL 蒸馏水，加热，搅拌使其溶解。

（2）除 SO_4^{2-}。继续加热溶解的粗盐溶液至近沸腾，在不断搅拌下滴加 $1.0mol \cdot L^{-1}$ $BaCl_2$ 溶液约 1mL，继续加热 5 分钟，使沉淀颗粒长大易于过滤。然后将烧杯取下，待固液分层后，沿烧杯壁在上清液中滴加 2 ~ 3 滴 $1.0mol \cdot L^{-1}$ $BaCl_2$ 溶液，如果无浑浊，表明 SO_4^{2-} 已沉淀完全。如果有浑浊出现，应继续加热溶液并继续滴加 $BaCl_2$ 溶液，直至 SO_4^{2-} 沉淀完全为止。静置，待沉淀沉降后，常压过滤。

（3）除 Ca^{2+}、Mg^{2+}、Ba^{2+} 等阳离子。在滤液中逐滴加入 $NaOH - Na_2CO_3$ 混合溶液至溶液的 pH 约为 11（用 pH 试纸检验），常压过滤，弃去沉淀。

（4）除剩余的 CO_3^{2-}。向滤液中逐滴加入 $6.0mol \cdot L^{-1}$ HCl 溶液，直至溶液的 pH 为 5 ~ 6。

（5）浓缩、结晶。将溶液倒入蒸发皿中，用小火加热蒸发，浓缩溶液至出现晶膜，立即停止加热，冷却结晶，减压抽滤。将 NaCl 晶体移入蒸发皿中，放在石棉网上，在玻璃棒不断搅拌下，用小火烘干。冷却后称量，计算产率。

2. 产品纯度检验

称取研细的粗食盐和提纯的产品各 0.5g，分别溶于 5mL 蒸馏水中，再各分为三等份盛在 6 支试管中，用下面的方法进行纯度检验，并将实验现象填入表 2 – 3。

（1）SO_4^{2-} 离子的检验。分别向盛有粗食盐和产品溶液的 2 支试管中各滴加 2 滴 1.0mol · L^{-1} $BaCl_2$溶液，观察现象。

（2）Ca^{2+}离子的检验。分别向盛有粗食盐和产品溶液的 2 支试管中各滴加 2 滴饱和（NH_4）$_2C_2O_4$溶液，观察现象。

（3）Mg^{2+}离子的检验。分别向盛有粗食盐和产品溶液的 2 支试管中各滴加 5 滴 2.0mol · L^{-1} NaOH 溶液和 2 滴镁试剂，观察有无天蓝色沉淀生成。

表 2-3　产品纯度检验

检验内容	粗盐	产品
SO_4^{2-} 离子的检验		
Ca^{2+}离子的检验		
Mg^{2+}离子的检验		
结论		

注：镁试剂为对硝基苯偶氮间苯二酚，其结构式为：

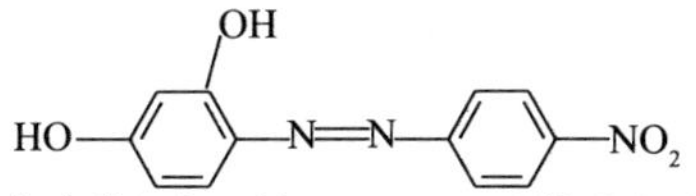

镁试剂在碱性溶液中呈红色或紫红色，被 $Mg(OH)_2$ 吸附后呈现天蓝色。

【思考题】

（1）在除去 Ca^{2+}、Mg^{2+}、SO_4^{2-} 时，为什么要先加入 $BaCl_2$ 溶液，然后再加入 NaOH－Na_2CO_3 混合溶液？

（2）为什么要向溶液中滴加盐酸并使之呈微酸性？

（3）在结晶浓缩时，为什么不能把结晶物蒸干？

实验五　金属镁相对原子质量的测定

【实验目的】

1. 学会测定镁相对原子质量的原理和方法，进一步理解气体分压的概念。
2. 练习测量气体体积的操作。
3. 了解数据处理的一般方法。

【实验原理】

金属从稀酸中置换出氢气时，由氢气的质量与消耗掉的金属的质量可以计算出金属的相对原子质量。准确称取一定质量的镁条（m），使之与过量的稀硫酸反应，在一定温度（T）和压力（p）下测出被置换出来的氢气的体积（V），由理想气体公式便可算出氢气的物质的量（n_{H2}）。

$$n_{H_2} = \frac{p_{H_2}V}{RT}$$

式（2－7）中 p_{H_2} 为氢气的分压，由于量气管内收集的氢气是被水蒸汽所饱和的，根据气体分压定律，若量气管内气压等于大气压时，其压力 p 是氢气分压 p_{H_2} 与水的饱和蒸汽压 p_{H_2O} 的总和，即

$$p = p_{H_2} + p_{H_2O} \quad p_{H_2} = p - p_{H_2O}$$

因为稀硫酸过量，反应消耗掉镁条的物质的量就等于生成的氢气的物质的量，利用理想气体状态方程，便可以计算出镁的相对原子质量：

$$M = \frac{mRT}{p_{H_2}V}$$

注意：上述公式中所有物理量要采用国际单位制。

【实验仪器与试剂】

仪器：万分之一电子天平，铁架台，蝴蝶夹，铁环，反应管，橡胶管，塞子，量气管，短颈漏斗，量筒（10mL），镊子，砂纸，剪刀。

试剂：H_2SO_4（$2mol \cdot L^{-1}$），镁条。

【实验内容】

1. 称量

用电子天平准确称取三份已擦去表面氧化膜的镁条，每份质量在 0.0060g 左右（0.0055～0.0065g 之间），将称量结果记入表 2－4。

2. 安装装置，赶气泡

按照图 2－8 所示安装反应装置，往量气管 1 内装水至略低于刻度“0”的位置，上下移动漏斗 3 以赶走附着在胶管和量气管壁上的气泡，然后把连接反应管 4 和量气管 1 的塞子塞紧。

3. 检查装置是否漏气

把漏斗下移一段距离，并固定在一定位置上，如果量气管中的液面只在开始时稍有下降，以后（约 3～5 分钟）即维持恒定，便说明装置不漏气。如果液面继续下降，则表明装置漏气，这时就要检查各接口处是否严密。经检查与调整后，再重复试验，直至确保不漏气为止。

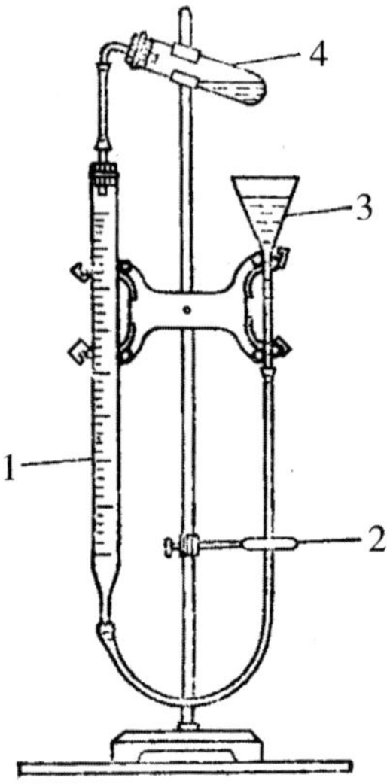

图 2-8　镁原子量的测定装置

1. 量气管　2. 铁环　3. 漏斗　4. 反应管

4. 装硫酸，贴镁条

取下反应管，需要的话，可以再调整一次漏斗的高度，使量气管内液面保持在刻度“0～3”之间。然后，用一漏斗将 5mL 2mol · L^{-1} H_2SO_4 注入反应管中（切勿使酸沾在试管壁上）。稍稍倾斜试管，将镁条用少量水湿润一下，贴在反应管内壁上部，确保镁条不与硫酸接触。装好反应管，塞紧橡皮塞，再检查一次装置是否漏气。

5. 化学反应

把漏斗移至量气管的右侧，使两者的液面保持同一水平，记下量气管中的液面位置。把反应管底部略微抬高，以使镁条与稀硫酸接触，这时由反应产生的氢气进入量气管中，把管中的水压入漏斗内。

6. 读数

镁条反应后，待反应管冷至室温，记下液面位置，稍等 1～2 分钟，再记录液面位置，如果两次读数相等，表明管内气体温度已与室温一样。反应后量气管液面读数与反应开始时液面读数之差即为生成氢气体积。

7. 用已称量的另外两份镁条重复两次实验，并将实验数据记入表 2-4 中。

【数据记录及结果处理】

表 2－4　　镁相对原子质量测定实验记录表

室温（T）：____；大气压（p）：____；水的饱和蒸气压（p_{H_2O}）____。

测定次数	镁条质量/g	氢气体积/mL	镁相对原子质量 $M=\frac{mRT}{p_{H_2}V}$	镁相对原子质量平均值	相对误差 $E=\frac{\bar{x}_{测量值}-A}{A}\times100\%$
1					
2					
3					

注：A 为镁的真实相对原子质量，值为 24.30。

【思考题】

（1）为什么要检验装置是否漏气，检验方法的原理是什么？

（2）本实验产生误差的主要原因是什么？

实验六　二氧化碳相对分子质量的测定

【实验目的】

1. 学习气体相对密度法测定相对分子质量的原理和方法。
2. 加深对理想气体状态方程式和阿伏伽德罗定律的理解。
3. 巩固电子天平的使用，熟悉洗涤干燥气体的装置。

【实验原理】

根据理想气体状态方程 $pV = nRT$，同温同压下，相同体积的 A、B 两种气体均符合理想气体状态方程式：

$$p_A V_A = \frac{m_A}{M_A}RT$$

$$p_B V_B = \frac{m_B}{M_B}RT$$

则：

$$\frac{m_A}{m_B} = \frac{M_A}{M_B} \tag{2-1}$$

若将 CO_2 和空气都看作理想气体，在同温同压下相同体积的 CO_2 和空气（其平均原子量为29.0）的质量比应等于其相对分子量之比。

$$\frac{m_{CO_2}}{m_{空气}} = \frac{M_{CO_2}}{M_{空气}} \tag{2-2}$$

则：

$$M_{CO_2} = \frac{m_{CO_2}}{m_{空气}} \times 29.0 \tag{2-3}$$

m_{CO_2}为 CO_2 气体的质量，可通过称量测得。

$m_{空气}$为空气的质量，可通过下式计算：

$$m_{空气} = M_{空气}pV/RT \tag{2-4}$$

式（2-4）中：p 为实验条件下的大气压强，可由气压计读出；

T 为实验温度，可由温度计读出；

V 为盛装空气或 CO_2 的容器体积，可由下式求出：

$$V = m_{水}/\rho_{水} \approx (m_{水} - m_{空气})/1.00 \tag{2-5}$$

实验用的 CO_2 气体可通过石灰石与稀盐酸反应制取，为了提高测量结果的准确性，要求 CO_2 气体必须纯净、干燥，使收集的 CO_2 气体体积与式（2-5）中的 V 相等，所以在反应装置中加了 CO_2 气体的净化和干燥装置。

【实验仪器与试剂】

仪器：简易启普发生器，洗气瓶，干燥管，铁架台，台秤，万分之一电子天平，磨口锥形瓶，玻璃导管，橡胶管，烧杯。

试剂：石灰石，HCl($6.0mol \cdot L^{-1}$)，饱和 $NaHCO_3$ 溶液，$CuSO_4$ 溶液($3.0mol \cdot L^{-1}$)，无水 $CaCl_2$。

【实验内容】

1. CO_2 气体的制备、净化和干燥

按图2-9装配好仪器，简易启普发生器中加入石灰石和盐酸，生成的 CO_2 气体通过盛有 $CuSO_4$ 溶液和饱和 $NaHCO_3$ 溶液的洗气瓶和无水 $CaCl_2$ 的干燥管，除去硫化氢、酸雾和水，导出的气体即为纯净干燥的 CO_2 气体。

2. 称量

（1）称量充满空气的锥形瓶的质量：$G_1 = m_{空气} + m_{瓶} + m_{塞}$。

①用一个合适的胶塞塞住干燥的锥形瓶瓶口。

②在胶塞上做一记号。

③在电子天平上（0.1mg 精度）称得质量 G_1（准确至0.0001g）。

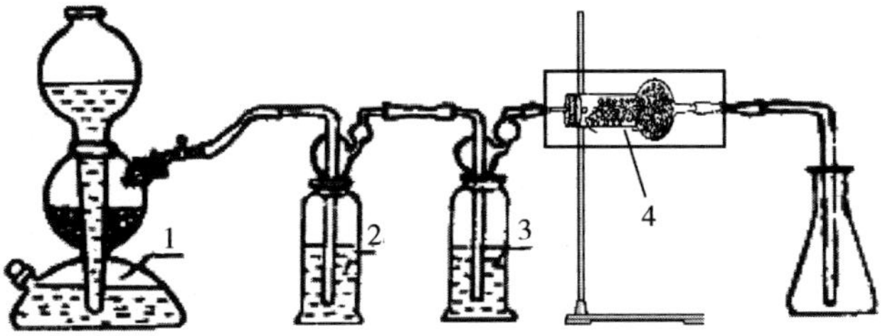

图 2-9　CO_2 气体的制备、净化和干燥装置

1. 启普发生器　2. $CuSO_4$ 溶液　3. $NaHCO_3$ 溶液　4. 无水氯化钙

（2）称量充满 CO_2 的锥形瓶的质量：$G_2 = m_{CO_2} + m_{瓶} + m_{塞}$。

①启普发生器导出的 CO_2，导入锥形瓶底部。

②待满后，缓慢取出导气管。

③用胶塞塞入瓶口至原记号位置，在电子天平上（0.1mg 精度）称量。

④重复收集 CO_2 气体和称重的操作，至前后两次的质量差不超过 1.0mg 为止，计算两次质量的平均值为 G_2。

（3）称量装满水的锥形瓶的质量：$G_3 = m_{水} + m_{瓶} + m_{塞}$。

①往锥形瓶内加满水。

②塞好塞子（注意位置与前面一样），在台秤上称得质量 G_3。

（4）记录称量结果并填入表 2-5 中。

3. 记录实验时的温度 T 和大气压力 p(Pa)。

【数据记录和结果处理】

表 2-5　　二氧化碳分子量测定实验记录表

室温（T）：____；大气压（p）：____。

项目	计算依据	数据处理
称量质量/g	$G_1 = m_{空气} + m_{瓶} + m_{塞}$	
	$G_2 = m_{CO_2} + m_{瓶} + m_{塞}$	
	$G_3 = m_{水} + m_{瓶} + m_{塞}$	
锥形瓶体积/mL	$V = m_{水}/\rho_{水} \approx (m_{水} - m_{空气})/1.00$ $= (G_3 - G_1)/1.00$	
空气质量/g	$m_{空气} = M_{空气}pV/RT$	
CO_2 质量/g	$m_{CO_2} = (G_2 - G_1) + m_{空气}$	

续表

项目	计算依据	数据处理
CO_2 相对分子质量	$M_{CO_2}=\frac{m_{CO_2}}{m_{空气}}\times 29.0$	
相对误差	$E=\frac{\bar{x}_{测量值}-A}{A}\times 100\%$	

注：A 为二氧化碳的实际分子量，值为 44.01。

【思考题】

（1）为什么胶塞塞入锥形瓶口的位置要固定？

（2）用该法还可以测定其他什么气体的分子量？

（3）为什么在计算锥形瓶体积时可以不考虑空气的质量，而在计算 CO_2 质量时，却要考虑空气的质量？

实验七　密度的测定

【实验目的】

1. 熟练电子天平的使用。

2. 学习不规则固体和液体密度的测定方法，掌握比重瓶和比重计的使用方法。

【实验原理】

密度是单位体积内物质的质量，用公式 $\rho=\frac{m}{V}$ 表示。物质的密度与物质的本性有关，且受外界条件（如温度、压力）的影响，压力对固体、液体密度的影响可以忽略不计，但温度对密度的影响却不能忽略。因此，在表示密度时，应同时注明温度。

密度的测定可以用于鉴定化合物的纯度和区别组成相似而密度不同的化合物。

1. 固体密度的测定

根据密度的定义，要想测定固体的密度，只需得到固体物质的质量 m 和体积 V，即可计算出密度。对于外形不规则的小块固体，可以采用以下方法求其密度：

取已知密度为 ρ_0 的液体，用电子天平精确称量与待测固体体积 V 相同的液体的质量 m_0，用下列公式计算待测固体的密度。

$$\rho = \frac{m}{V} = \frac{m}{V_0} = \frac{m}{m_0}\rho_0 \tag{2-6}$$

测量时用比重瓶，如图 2－10 所示，比重瓶的磨口瓶塞中间带有毛细管，使用时，注入液体到瓶口，用塞子塞紧，多余的液体会通过瓶塞上的毛细管流出，这样就可以保证比重瓶的容积是固定的。

图 2－10　比重瓶

先准确测量比重瓶的质量（m_1），然后将小块待测密度固体放入比重瓶中，测得装有小块固体比重瓶的质量（m_2），则小块固体的质量（m）可由二者相减得到。

$$m = m_2 - m_1 \tag{2-7}$$

再将装有小块固体的比重瓶内注满已知密度为 ρ_0 的某种液体（该液体不能与待测固体发生化学反应，但能润湿待测固体，因为水在不同温度下的密度很容易查到，所以常被使用）。轻轻摇动比重瓶赶走瓶内气泡，盖上瓶塞，用滤纸吸去比重瓶毛细管口溢出的液体，称其（比重瓶＋固体＋非满瓶液体）质量 m_4；然后将比重瓶内液体倒掉，待测小块固体倒入回收瓶，再向比重瓶内装满密度为 ρ_0 的液体，赶走瓶内气泡，盖上瓶塞，并用滤纸吸取溢出的液体，然后称其（比重瓶＋满瓶液体）质量 m_3。将待测固体放入比重瓶，必须排出 $V(\text{cm}^3)$ 的液体，则 V 体积液体的质量为：

$$m_0 = m_3 + m - m_4 = m_3 + m_2 - m_1 - m_4 \qquad (2-8)$$

最后将式（2－7）和式（2－6）代入式（2－9），可得固体的密度 ρ 计算公式如下：

$$\rho = \frac{m_2 - m_1}{m_2 + m_2 - m_1 - (-m_4)}\rho_0 \qquad (2-9)$$

整个实验过程中要保持温度不变，因为 ρ_0 与温度有关，而且温度变化会引起玻璃的膨胀或缩小，而使比重瓶的体积发生变化，增加测量误差。

2. 液体密度的测定

（1）方法一：取一洁净的10mL的容量瓶，在电子天平上准确称量其质量 m_5，然后注入待测密度的液体至容量瓶的刻度线，再称其质量 m_6，则两次称量质量之差除以容量瓶的体积，即得待测液体的密度。

（2）方法二：用比重计测量，重表测量大于水密度的液体，轻表测定小于水密度的液体。

【实验仪器与试剂】

仪器：比重瓶，比重计，10mL容量瓶，电子天平。

试剂：Zn粒，NaCl溶液，无水乙醇，丙酮，水，滤纸。

【实验内容】

1. 固体锌粒密度的测定

（1）在电子天平上称量空比重瓶质量 m_1。

（2）将待测锌粒放入比重瓶，约占比重瓶2/3体积，称量其质量 m_2。

（3）向盛有锌粒的比重瓶中加满水，称量比重瓶＋锌粒＋非满瓶水质量 m_4。

（4）将水倒掉，锌粒倒入回收瓶，再将比重瓶中装满水，称量比重瓶＋满瓶水质量 m_3。

2. 液体密度而测定

（1）无水乙醇（丙酮）密度的测定。

取一洁净的10mL容量瓶在电子天平上称其质量 m_5，然后注入待测密度的无水乙醇（或丙酮）至刻度线，称其质量 m_6（切记称量时一定要盖好容量瓶塞），两次质量之差除以体积10mL得待测液体的密度。

（2）盐水密度的测定。

在大量筒中装入足量盐水，将比重计（重表）插入盐水中，待稳定后，读数，即为盐水的密度。

【数据处理】

表 2-6　　不同物质密度的测定

项目	测定密度/(g/cm³)			
	称量质量/g	锌粒密度	乙醇（丙酮）密度	盐水密度
空比重瓶质量（m_1）				
比重瓶 + 锌粒（m_2）				
比重瓶 + 满瓶水（m_3）				
比重瓶 + 锌粒 + 非满瓶水（m_4）				
10mL 容量瓶质量（m_5）				
容量瓶 + 待测液体（m_6）				

【思考题】

（1）影响该方法测量密度准确性的因素有哪些？

（2）以下情况会使小块固体密度测量结果偏大还是偏小？

a. 测 m_1 时，比重瓶不干燥。

b. 测 m_4 时，瓶内有小气泡。

实验八　化学反应速率和活化能的测定

【实验目的】

1. 了解浓度、温度和催化剂对化学反应速率的影响。

2. 测定过二硫酸钾与碘化钾反应的反应速率，计算反应级数、反应速率常数和反应的活化能，并练习实验数据的处理和作图方法。

【实验原理】

1. 速率方程及反应级数

在水溶液中过二硫酸钾与碘化钾发生如下反应：

$$K_2S_2O_8 + 3KI \rightarrow 2K_2SO_4 + KI_3$$

$$S_2O_8^{2-} + 3I^- \rightarrow 2SO_4^{2-} + I_3^- \qquad (a)$$

其反应速率 v 根据速率方程可表示为：

$$v = kc^m(S_2O_8^{2-})c^n(I^-)$$

上式中 v 是在此条件下反应的瞬时速率。若 $c(S_2O_8^{2-})$、$c(I^-)$ 是起始浓度，则 v 表示起始速率。k 是速率常数，m 与 n 之和是反应级数。

2. 化学反应速率测定

实验所能测定的速率是反应在一段时间（Δt）内的平均速率 v。如果在 Δt 时间内 $S_2O_8^{2-}$ 浓度的改变为 $\Delta c(S_2O_8^{2-})$，则平均速率为：

$$\bar{v} = \frac{-\Delta c(S_2O_8^{2-})}{\Delta t}$$

近似地用平均速率代替起始速率。

$$v = \frac{-\Delta c(S_2O_8^{2-})}{\Delta t} = kc^m(S_2O_8^{2-})c^n(I^-)$$

为了测出 Δt 时间内 $S_2O_8^{2-}$ 的浓度变化量，需要在混合 $K_2S_2O_8$ 溶液和 KI 溶液的同时，加入一定体积已知浓度的 $Na_2S_2O_3$ 溶液和淀粉溶液，这样在反应（a）进行的同时还进行下面的反应：

$$2S_2O_3^{2-} + I_3^- \rightarrow S_4O_6^{2-} + 3I^- \qquad \text{(b)}$$

这个反应进行得非常快，几乎瞬间完成，而反应（a）比反应（b）慢得多。因此，由反应（a）生成的 I_3^- 立即与 $S_2O_3^{2-}$ 反应，生成无色的 $S_4O_6^{2-}$ 和 I^-。所以在反应的开始阶段看不到碘与淀粉反应而显示的特有蓝色。当体系中的 $Na_2S_2O_3$ 一旦耗尽，反应（a）继续生成的 I_3^- 就与淀粉反应而呈现出特有的蓝色。

由于从反应开始到蓝色出现标志着 $S_2O_3^{2-}$ 全部耗尽，所以从反应开始到出现蓝色这段时间 Δt 里，$S_2O_3^{2-}$ 浓度的改变 $\Delta c(S_2O_3^{2-})$ 实际上就是 $Na_2S_2O_3$ 的起始浓度。

从反应式（a）和（b）可以看出，$S_2O_8^{2-}$ 浓度减少量为 $S_2O_3^{2-}$ 浓度减少量的一半，所以 $S_2O_8^{2-}$ 在 Δt 时间内浓度减少量可以从下式求得：

$$\Delta c(S_2O_8^{2-}) = \frac{c(S_2O_3^{2-})}{2}$$

对反应（a）的速率方程：$v = kc^m(S_2O_8^{2-})c^n(I^-)$

两边取对数，得：$\lg v = \lg k + m\lg c(S_2O_8^{2-}) + n\lg c(I^-)$

同一温度下，固定 $c(I^-)$，改变 $c(S_2O_8^{2-})$，求出一系列反应速率 v，以 $\lg v$ 对 $\lg c(S_2O_8^{2-})$ 作图，可得一直线，斜率即为 m。同理，固定 $c(S_2O_8^{2-})$，以 $\lg v$ 对 $\lg c(I^-)$ 作图得直线，斜率为 n。将 m、n 和任意一次实验的一组

反应物的初始浓度值代入反应速率方程，就可求得反应速率常数 k。

3. 化学反应活化能

根据阿伦尼乌斯公式：

$$E_a = 2.303R\left(\frac{T_1T_2}{T_2 - T_1}\right)\lg\frac{k_2}{k_1}$$

测不同温度下的 k 值，可求得反应的活化能 E_a。

【实验仪器与试剂】

仪器：量筒（10mL），吸量管（5mL，10mL），温度计（0～100℃），烧杯（50mL，100mL），秒表，恒温水浴锅。

试剂：$K_2S_2O_8$（0.10mol·L^{-1}），KI（0.10mol·L^{-1}），$Na_2S_2O_3$(0.0050mol·L^{-1})(上述试剂的浓度均要准确，且需新配制)，K_2SO_4(0.10mol·L^{-1})，淀粉溶液(0.4%)，$Cu(NO_3)_2$(0.020mol·L^{-1})，KNO_3(0.10mol·L^{-1})，冰。

【实验内容】

1. 浓度对化学反应速率的影响

在室温下进行表 2－7 中编号 1 的实验。用吸量管分别量取 10.00mL 0.10mol·L^{-1} KI 溶液、4.00mL 0.0050mol·L^{-1} $Na_2S_2O_3$ 溶液和 2.00mL 0.4%淀粉溶液置于100mL 烧杯中混匀。然后用量筒量取 10.0mL 0.10mol·L^{-1}$K_2S_2O_8$ 溶液，迅速倒入上述混合液中，同时启动秒表并不断搅动，注意观察溶液的颜色变化。当溶液刚出现蓝色时，立即按停秒表，记录反应时间和室温。用同样方法按照表 2－7 的用量进行编号 2、3、4、5 的实验。根据以上实验结果，计算反应级数和反应速率常数。将结果填入表 2－7。

表 2－7　　浓度对反应速率的影响　　室温（℃）

		实验编号				
		1	2	3	4	5
试剂用量/mL	0.10mol·L^{-1}$K_2S_2O_8$	10.0	5.0	2.5	10.0	10.0
	0.10mol·L^{-1}KI	10.00	10.00	10.00	5.00	2.50
	0.0050mol·L^{-1}$Na_2S_2O_3$	4.00	4.00	4.00	4.00	4.00
	0.4% 淀粉溶液	2.00	2.00	2.00	2.00	2.00
	0.10mol·L^{-1}KNO_3	0	0	0	5.00	7.50
	0.10mol·L^{-1}K_2SO_4	0	5.00	7.50	0	0

续表

		实验编号				
		1	2	3	4	5
26ml 混合液中反应物的起始浓度/（$mol \cdot L^{-1}$）	$K_2S_2O_8$					
	KI					
	$Na_2S_2O_3$					
反应时间 Δt/s						
反应速率 v						
$\lg v$						
$\lg[S_2O_8^{2-}]$						
$\lg[I^-]$						
m						
n						
反应速率常数 k						

2. 温度对化学反应速率的影响

按表 2－7 中实验编号 4 的药品用量，将装有 KI、$Na_2S_2O_3$、KNO_3 和淀粉混合溶液的烧杯和装有 $K_2S_2O_8$ 溶液的小烧杯，放入冰水浴中冷却，待它们的温度冷却到低于室温 10.0℃时，将 $K_2S_2O_8$ 溶液迅速加到 KI 等混合溶液中，同时计时并不断搅拌，当溶液刚出现蓝色时，记录反应时间。

将恒温水浴锅调至高于室温 10.0℃，重复上述实验，让反应在高于室温 10.0℃的条件下进行，记录反应时间。

根据此两次实验数据和实验 4 的数据，可求出不同温度下的 k 值，计算出反应的活化能 E_a。将结果填入表 2－8。

表 2－8　　温度对化学反应速率的影响

实验编号	4	6	7
反应温度/℃			
反应时间 Δt/s			

续表

实验编号	4	6	7
反应速率 v			
反应速率常数 k			
$\lg k$			
$1/T$			
活化能 E_a			

注：本实验活化能测定值的误差不超过 10%（文献值：51.8kJ · mol –1）。

3. 催化剂对化学反应速率的影响

按表 2 – 7 中实验编号 4 的用量，把 KI、$Na_2S_2O_3$、KNO_3 和淀粉溶液加到 100mL 烧杯中，再加入 2 滴 0.020mol · L^{-1} $Cu(NO_3)_2$ 溶液，搅匀，然后迅速加入 $K_2S_2O_8$ 溶液，搅动、计时。将此实验的反应速率与表 2 – 7 中实验 4 的反应速率进行比较，可得出什么结论？将结果填入表 2 – 9 中。

表 2 – 9　　催化剂对化学反应速率的影响

实验编号	4	8
加入 0.02mol · L^{-1} $Cu(NO_3)_2$ 的滴数		
反应温度/℃		
反应时间 Δt/s		
反应速率 v		

【注意事项】

1. 量筒和吸量管贴好标签专用，试剂瓶盖不能张冠李戴。
2. 加入 $K_2S_2O_8$ 溶液时要迅速，必须同时启动秒表。
3. 各种试剂的量一定要准确，尤其 $Na_2S_2O_3$ 溶液的体积。

【思考题】

（1）下列操作情况对实验结果有何影响？

①取用六种试剂的量筒没有分开专用。

②先加 $K_2S_2O_8$ 溶液，最后加 KI 溶液。

③$K_2S_2O_8$ 溶液缓慢加入 KI 等混合溶液中。

（2）若不用$S_2O_8^{2-}$，而用I^-或I_3^-的浓度变化来表示反应速率，则反应速率常数k是否一样？

（3）为什么根据反应溶液出现蓝色的时间长短来计算反应速率？反应溶液出现蓝色时反应是否停止了？

（4）本实验中$Na_2S_2O_3$的用量过多或过少，对实验结果有何影响？

（5）实验过程中为何要加入KNO_3和K_2SO_4溶液，其作用是什么？

实验九　醋酸解离度和解离平衡常数的测定

【实验目的】

1. 掌握醋酸解离度和解离平衡常数的测定原理和方法。
2. 学会使用酸度计。

【实验原理】

醋酸是弱电解质，在水溶液中存在下列解离平衡：

$$HAc \rightleftharpoons H^+ + Ac^-$$

起始浓度（$mol \cdot L^{-1}$）　c　0　0

平衡浓度（$mol \cdot L^{-1}$）　$c - c\alpha$　$c\alpha$　$c\alpha$

若c为醋酸的起始浓度，α为醋酸的解离度，$[H^+]$、$[Ac^-]$、$[HAc]$分别为H^+、Ac^-、HAc的平衡浓度，K_a为醋酸的解离平衡常数，则$[H^+] = [Ac^-] = c\alpha$、$[HAc] = c(1-\alpha)$。

解离度：$\alpha = \dfrac{[H^+]}{c} \times 100\%$

解离平衡常数：$K_a = \dfrac{[H^+][Ac^-]}{[HAc]} = \dfrac{c\alpha^2}{1-\alpha} = \dfrac{[H^+]^2}{c - [H^+]}$

已知：$pH = -\lg[H^+]$，所以测定了已知浓度的醋酸溶液的pH，就可求出它的解离度和解离平衡常数。

【实验仪器与试剂】

仪器：容量瓶（50mL），吸量管（10mL），移液管（25mL），烧杯（50mL），锥形瓶（250mL），碱式滴定管（50mL），pHS－3C型酸度计。

试剂：HAc（$0.2mol \cdot L^{-1}$），NaOH标准液（$0.2000mol \cdot L^{-1}$），酚酞指示剂，标准缓冲溶液（pH＝6.18）。

【实验内容】

1. 原始醋酸溶液浓度的标定

用移液管移取 25.00mL 待标定的醋酸溶液置于锥形瓶中，加 2 ~ 3 滴酚酞指示剂，用标准 NaOH 溶液滴定至微红色，且半分钟内不褪色为止。记下所用的 NaOH 溶液的体积。再重复上述滴定操作两次，要求三次所消耗 NaOH 溶液的体积差小于 0.05mL。计算 HAc 溶液的准确浓度，将滴定数据和计算结果填入表 2 – 10 中。

表 2 – 10　　原始醋酸溶液浓度的标定

用________ $mol \cdot L^{-1}$ NaOH 标准溶液滴定________ mLHAc 溶液

		滴定序号		
		1	2	3
NaOH 标准溶液的用量/mL	初读数			
	末读数			
	实际消耗体积			
	消耗体积平均值			
HAc 溶液的准确浓度/$(mol \cdot L^{-1})$				

2. 配制不同浓度的醋酸溶液

用移液管和吸量管分别吸取 25.00mL、5.00mL、2.50mL 已测得准确浓度的醋酸溶液置于三个 50mL 容量瓶中，用蒸馏水稀释至刻度，摇匀，并计算出这三种醋酸溶液的准确浓度。

3. 测定不同浓度醋酸溶液的 pH

取以上四种不同浓度的醋酸溶液各 25.0mL 分别加入到 4 只洁净干燥的 50mL 烧杯中，按由稀到浓的次序在 pHS – 3C 型酸度计上分别测出它们的 pH，记录数据和室温。计算解离度和解离平衡常数，填入表 2 – 11 中。

表 2 – 11　　醋酸电离度和电离平衡常数的测定　　温度：____℃

HAc 溶液编号	c	pH	$[H^+]$	α	电离常数 K_a	
					测定值	平均值
1						
2						
3						
4						

注：本实验测定 K_a 值在 $1.0\times10^{-5}\sim2.0\times10^{-5}$ 范围内合格（文献值 1.7×10^{-5}）。

【问题与讨论】

（1）测定醋酸溶液的 pH 时，为什么要按溶液的浓度从稀到浓的次序进行?

（2）做好本实验的操作关键是什么?

（3）改变所测醋酸溶液的浓度和温度，解离度和解离平衡常数有无变化?

实验十　缓冲溶液的配制与性质

【实验目的】

1. 学习配制缓冲溶液的一般方法。
2. 加深对缓冲溶液性质的理解。
3. 巩固酸度计的使用。

【实验原理】

1. 基本概念

缓冲溶液是一种能够抵抗外加少量强酸、强碱或适当稀释，而保持体系的 pH 基本不变的溶液。

2. 缓冲溶液的组成及计算公式

缓冲溶液一般是由共轭酸碱对组成的，如弱酸及其盐或弱碱及其盐，由弱酸及其盐（如 HAc 和 NaAc）所组成的缓冲溶液 pH 可利用以下公式计算：

$$pH = pK_a - \lg\frac{c_{酸}}{c_{盐}}$$

上式中：K_a 为弱酸的解离平衡常数，$c_{酸}$、$c_{盐}$分别为弱酸及其盐的浓度。

3. 缓冲溶液的配制

若配制缓冲溶液所用的弱酸及弱酸盐原始浓度相同，则配制时所取弱酸和弱酸盐的体积（V）的比值等于它们平衡浓度的比值，所以上式可以写成：

$$pH = pK_a + \lg \frac{V_{盐}}{V_{酸}}$$

若改变弱酸及弱酸盐的体积之比，可得到一系列 pH 不同的缓冲溶液。

4. 缓冲容量

缓冲容量是衡量缓冲溶液缓冲能力大小的尺度，它的大小与缓冲溶液的总浓度和缓冲比有关。缓冲比不变时，总浓度越大，缓冲容量越大；总浓度不变时，缓冲比越接近 1∶1，缓冲容量越大。

【仪器与试剂】

仪器：pHS－3C 型酸度计，酸式滴定管（50mL），碱式滴定管（50mL），吸量管（5mL），量筒（10mL，25mL），烧杯，大试管。

试剂：精密 pH 试纸，HAc（$0.1mol \cdot L^{-1}$），NaAc（$0.1mol \cdot L^{-1}$），HCl（$0.1mol \cdot L^{-1}$），NaOH（$0.1mol \cdot L^{-1}$）。

【实验内容】

1. 缓冲溶液的配制和 pH 的测定

取 3 个小烧杯，标上甲、乙、丙，按表 2－12 所列的体积分别用酸式滴定管和碱式滴定管量取 $0.10mol \cdot L^{-1}$ HAc 和 $0.10mol \cdot L^{-1}$ NaAc 溶液，搅匀，然后用酸度计测定它们的 pH。比较理论计算值与实际测定值是否相符（缓冲溶液留作后面实验用）。

表 2－12　缓冲溶液的配制与 pH 的测定

	试剂量烧杯编号		
	甲	乙	丙
$0.1mol \cdot L^{-1}$ HAc	18	10	2
$0.1mol \cdot L^{-1}$ NaAc	2	10	18
理论（计算）pH			
pH 实测值			

2. 缓冲溶液的性质

取4支大试管，2个一组分两组标好号码。第一组用量筒各加水5mL；第二组各加缓冲溶液乙5mL；在各组试管中，分别加入0.1mol·L^{-1} HCl和0.1mol·L^{-1} NaOH各5滴，用精密pH试纸测各试管中溶液的pH，记录结果，说明原因，见表2-13。

表2-13　　缓冲溶液的性质

溶液	加入试剂	
	0.1mol·L^{-1} HCl（5滴）	0.1mol·L^{-1} NaOH（5滴）
水		
缓冲溶液乙		

3. 缓冲容量

缓冲容量与缓冲组分比值的关系：取两只小烧杯，分别用量筒量取表2-12中配制的缓冲溶液甲和乙各10mL。然后分别用吸量管吸取0.1mol·L^{-1} NaOH溶液2.00mL加入两个烧杯中，再用酸度计测其pH，将结果记录于表2-14中，解释原因。

表2-14　　缓冲容量与缓冲组分比值的关系

缓冲溶液	[HAc]/[NaAc]	pH	加碱后pH	ΔpH
甲				
乙				

【思考题】

（1）用公式 $pH = pK_a - \lg c_{酸}/c_{盐}$ 计算的缓冲溶液的pH为何是近似的？应如何校正？

（2）若把本实验步骤3中的缓冲溶液甲改为丙，则加入同样量的HCl后，ΔpH是否相同？

实验十一 沉淀溶解平衡

【实验目的】

1. 掌握沉淀溶解平衡及溶度积规则的应用。

2. 掌握沉淀的生成、溶解和转化的条件。

3. 掌握离心分离的原理及离心机的使用方法。

【实验原理】

1. 溶度积常数

一定温度下，难溶电解质的饱和溶液中，难溶盐的固体与溶解后生成的离子之间存在下列平衡：

$$A_mB_n \rightleftharpoons mA^{n+} + nB^{m-}$$

溶液中离子浓度幂的乘积为一常数，称为溶度积常数，即 K_{sp}：

$$K_{sp} = [A^{n+}]^m[B^{m-}]^n$$

2. 溶度积规则

根据溶度积常数和离子积的相对大小判断难溶电解质在溶液中生成沉淀或沉淀溶解的准则称溶度积规则：

$Q_i > K_{sp}$溶液中有沉淀析出，直至溶液饱和。

$Q_i = K_{sp}$溶液为饱和溶液。

$Q_i < K_{sp}$溶液无沉淀析出。

任何难溶电解质，其饱和水溶液中总有达成溶解平衡的离子。不同难溶电解质的溶解能力不同，它们的 K_{sp} 也不同。

如果溶液中同时含有几种离子，加入的沉淀剂与溶液中几种离子都能发生沉淀反应时，则沉淀的先后顺序将由各离子浓度及产生沉淀的 K_{sp} 决定，首先满足沉淀条件的组分先形成沉淀，这一现象称分步沉淀。

通过测定某一难溶电解质饱和溶液中各离子的浓度，可求得该难溶电解质的溶度积。如 $Mg(OH)_2$ 的溶度积常数为：

$$K_{sp\,Mg(OH)_2} = [Mg^{2+}][OH^-]^2$$

根据溶度积规则，要使沉淀溶解，必须设法减小难溶电解质饱和溶液中有关离子的浓度，使 $Q_i < K_{sp}$。

使一种难溶电解质转化为另一种难溶电解质，即把一种沉淀转化为另一种沉淀的过程，称为沉淀的转化。对于同一类型的难溶电解质，一种沉淀可转化为另一种溶度积更小的、更难溶的沉淀。

【实验仪器与试剂】

仪器：离心机，离心试管（10mL），吸量管（1mL），刻度试管（5mL、10mL），量筒（10mL），烧杯（50mL），试管架，滴管，吸耳球。

试剂：$Pb(NO_3)_2$（$0.10mol \cdot L^{-1}$），KI（$0.10mol \cdot L^{-1}$），NaCl（$0.10mol \cdot L^{-1}$），NaCl（$1.0mol \cdot L^{-1}$），K_2CrO_4（$0.10mol \cdot L^{-1}$），$AgNO_3$（$0.10mol \cdot L^{-1}$），饱和 PbI_2，Na_2S（$0.10mol \cdot L^{-1}$），$MgCl_2$（$0.10mol \cdot L^{-1}$），$NH_3 \cdot H_2O$（$2.0mol \cdot L^{-1}$），HCl（$2.0mol \cdot L^{-1}$），饱和 NH_4Cl。

【实验内容】

1. 溶度积规则的应用

（1）在试管中加入 1.0mL $0.10mol \cdot L^{-1}$ $Pb(NO_3)_2$ 溶液，再加 1.0mL $0.1mol \cdot L^{-1}$ KI 溶液，观察有无沉淀生成，试用浓度积规则进行解释。

（2）在 50mL 烧杯加入 1 滴 $0.10mol \cdot L^{-1}$ $Pb(NO_3)_2$ 溶液，加入 10.0mL 蒸馏水稀释后，再逐滴加入 $0.10mol \cdot L^{-1}$ KI 溶液进行上面的实验，有无沉淀生成？试用浓度积规则进行解释。

（3）在试管中加入 $0.10mol \cdot L^{-1}$ NaCl 溶液 10 滴和 $0.10mol \cdot L^{-1}$ K_2CrO_4 溶液 2 滴。然后边振荡试管，边逐滴加入 $0.10mol \cdot L^{-1}$ $AgNO_3$ 溶液，观察沉淀的颜色，试用浓度积规则进行解释。

2. 同离子效应

在试管中加入饱和 PbI_2 溶液 1.0ml，然后逐滴加入 $0.10mol \cdot L^{-1}$ KI 溶液，振荡试管，观察有何现象，说明原因。

3. 分步沉淀

在试管中滴入 1 滴 $0.10mol \cdot L^{-1}$ Na_2S 溶液和 5 滴 $0.10mol \cdot L^{-1}$ K_2CrO_4 溶液，用蒸馏水稀释至 5.0mL，然后逐滴加入 $0.10mol \cdot L^{-1}$ $Pb(NO_3)_2$溶液，观察首先生成沉淀的颜色。待沉淀沉降后，继续向上清液中滴加 $0.10mol \cdot L^{-1}$ $Pb(NO_3)_2$ 溶液，会出现什么颜色的沉淀？试用溶度积规则解释上述现象。

4. 沉淀的溶解

在两支试管中分别加入 10 滴 $0.10mol \cdot L^{-1}$ $MgCl_2$ 溶液，并逐滴加入

2.0mol·$L^{-1}NH_3·H_2O$ 溶液至有白色 $Mg(OH)_2$ 沉淀生成，然后再向第一支试管滴加 2.0mol·L^{-1}HCl 溶液，向第二支试管中滴加饱和 NH_4Cl 溶液，观察两支试管中的现象？写出有关化学方程式。

5. 沉淀的转化

在离心试管中滴入 5 滴 0.10mol·$L^{-1}Pb(NO_3)_2$ 溶液和 3 滴 1.0mol·L^{-1} NaCl 溶液，振荡离心试管，待沉淀完全后，离心分离，然后向沉淀中滴加 3 滴 0.10mol·L^{-1}KI 溶液，观察沉淀颜色的变化。说明原因，并写出有关的化学方程式。

【思考题】

（1）沉淀溶解的条件是什么？可采用的方法有哪些？

（2）AgCl 的 $K_{sp}(1.8\times10^{-10})$ 大于 Ag_2CrO_4 的 $K_{sp}(1.1\times10^{-12})$，若溶液中［$Cl^-$］和［$CrO_4^{2-}$］均为 0.1mol·$L^{-1}$，问逐滴加入 $AgNO_3$ 溶液时，何者先沉淀？

（3）Ag_2CO_3、Ag_3PO_4、Ag_2S 沉淀能否溶于稀 HNO_3，为什么？

实验十二　硫酸钡溶度积的测定

【实验目的】

1. 学习电导率法测定硫酸钡溶度积常数的原理和方法。
2. 学习电导率仪的使用方法。
3. 熟悉沉淀的生成、陈化、离心分离、洗涤等基本操作。

【实验原理】

难溶电解质的溶解度很小，很难直接测定。但是只要有溶解作用，溶液中就有电离出来的带电离子。因此可以通过测定该溶液的电导或电导率，再根据电导与浓度的关系，计算出难溶电解质的溶解度，从而换算出溶度积。

1. 电导和电导率

电导和电阻都可以用来表示电解质溶液的导电能力，二者互为倒数：

$$G=1/R$$

电导的单位为西门子（S）。

在一定温度下，两电极溶液间的电阻 R 与两极板间的距离 l 成正比，与电极面积 A 成反比：

$$R \propto l/A，即\ R = \rho l/A$$

ρ 为电阻率，单位为 $\Omega \cdot cm$。它的倒数称为电导率：$\gamma = 1/\rho$，单位为 $S \cdot cm^{-1}$。

将 $R = \rho l/A$ 和 $\gamma = 1/\rho$ 代入 G 的表达式，得：

$$G = \gamma A/l，即\ \gamma = Gl/A \tag{2-10}$$

即电导率 γ 表示相距为 1cm，面积为 $1cm^2$ 的两个电极之间的电导。

当电极一定（l、A 一定）时，l/A 为电导池常数。电导池常数一般是由制造厂给出（如 DDS－1 型铂黑电极的电导池常数为 0.98），但也可以通过测定已知电导率的电导，再由（2－10）式求出。

由于实际应用中电导的单位西门子（S）太大，因此常用毫西（mS）或微西（μS），相应电导率的单位为 $mS \cdot cm^{-1}$ 或 $\mu S \cdot cm^{-1}$，则：

$$1S \cdot cm^{-1} = 10^3 mS \cdot cm^{-1} = 10^6 \mu S \cdot cm^{-1}$$

2. 摩尔电导率和溶度积

在一定温度下，相距为 1cm 的两个平行电极之间，含有 1mol 电解质溶液的电导率，称为摩尔电导率，用 λ_m 来表示。电解质溶液中的摩尔电导率（λ_m，单位为 $S \cdot cm^2 \cdot mol^{-1}$），电导率（$\gamma$，单位为 $S \cdot cm^{-1}$）和浓度（c，单位为 $mol \cdot dm^{-3}$）之间存在如下关系：

$$\lambda_m = 1000\gamma/c$$

极限摩尔电导率是溶液在无限稀释情况下的电导率，用 λ_∞ 表示。

由于 $BaSO_4$ 的溶解度很小，其饱和溶液浓度很低，可以看成是无限稀释的溶液，这时其摩尔电导率可以看成是极限摩尔电导率。

$$\lambda_{mBaSO_4} = \lambda_{\infty BaSO_4}$$

$$则\ c(BaSO_4) = 1000\gamma_{BaSO_4}/\lambda_{\infty BaSO_4}$$

根据硫酸钡的沉淀溶解平衡：$BaSO_4(s) = Ba^{2+}(aq) + SO_4^{2-}(aq)$

则硫酸钡的溶度积常数：$K_{sp} = [Ba^{2+}][SO_4^{2-}] = c^2(BaSO_4)$

即：
$$K_{sp}(BaSO_4) = c^2(BaSO_4) = \left(\frac{\gamma_{BaSO_4}}{\lambda_{\infty BaSO_4}} \times 1000\right)^2 \tag{2-11}$$

在实验中，所测得的 $BaSO_4$ 饱和溶液的电导率，包含水解离出的 H^+ 和 OH^-，所以计算时必须减去。即：

$$\gamma_{BaSO_4} = \gamma_{BaSO_4(溶液)} - \gamma_{H_2O}$$

将其代入式（2－11），得：

$$K_{sp}(BaSO_4) = \left(\frac{\gamma_{BaSO_4(溶液)} - \gamma_{H_2O}}{\lambda_{\infty BaSO_4}} \times 1000\right)^2 \tag{2-12}$$

查表可得不同温度下硫酸钡的极限摩尔电导率，（如 25℃时，$\lambda_{\infty BaSO_4}$ = 287.2$S \cdot cm^2 \cdot mol^{-1}$），将实验测定的 $BaSO_4$ 饱和溶液和水的电导率代入式（2-12），即可求得 $BaSO_4$ 的溶度积。

【实验仪器与试剂】

仪器：烧杯（100mL、50mL），量筒（100mL），离心试管（10mL），酒精灯，石棉网，玻璃棒，表面皿，离心机，电导率仪。

试剂：H_2SO_4（0.05$mol \cdot L^{-}$），$BaCl_2$（0.05$mol \cdot L^{-1}$），$AgNO_3$（0.01$mol \cdot L^{-1}$），去离子水。

【实验内容】

1. $BaSO_4$ 沉淀的制备、陈化和洗涤

取 0.05$mol \cdot L^{-1}$ H_2SO_4 溶液 30mL 倒入小烧杯中，在酒精灯上加热至近沸，边搅拌边将 30mL 0.05$mol \cdot L^{-1}$ $BaCl_2$ 溶液逐滴加入 H_2SO_4 溶液中，加完后盖上表面皿，继续加热煮沸 5 分钟，然后小火保温 10 分钟，搅拌数分钟后，取下静置、陈化。当沉淀上面的溶液澄清时，用倾析法弃去上层清液。

将沉淀和少量余液用玻璃棒搅成乳状，分次转移至离心试管中，在离心机中离心分离，弃去溶液。

在小烧杯中盛约 40mL 去离子水，加热至沸，用其洗涤离心试管中的 $BaSO_4$ 沉淀：每次加入约 4～5mL 水，用玻璃棒将沉淀充分搅拌，再离心分离，弃去上清液。重复洗涤沉淀至上清液中无 Cl^- 为止（一般洗涤至第四次时，就可以进行有无 Cl^- 的检查），如何检查 Cl^-？

2. $BaSO_4$ 饱和溶液的制备

向以上制得的纯净 $BaSO_4$ 沉淀中加入少量去离子水，用玻璃棒搅拌成乳状，全部转移至小烧杯中，再加入去离子水 60mL，搅拌均匀后，盖上表面皿，加热煮沸 3～5 分钟，静置，冷却至室温。当上层溶液澄清时，用滴管将其转移至一洁净干燥的小烧杯中，进行电导率的测定。

3. 电导率的测定

取与配制 $BaSO_4$ 饱和溶液相同的去离子水 40mL，测定其电导率；然后测定 $BaSO_4$ 饱和溶液的电导率；用所测数据，计算 $BaSO_4$ 的溶度积，记录数据并填入表 2-16。

【数据处理】

表 2-15　　$BaSO_4$ 的溶度积的测定　　室温：____℃

$\gamma_{BaSO_4}/(\mu S\cdot cm^{-1})$	$\gamma_{H_2O}/(\mu S\cdot cm^{-1})$	$K_{sp}(BaSO_4)$

【思考题】

（1）制备 $BaSO_4$ 沉淀时，为什么要洗至无 Cl^-？

（2）制备 $BaSO_4$ 饱和溶液时，溶液底部一定要有沉淀吗？

（3）测定 $BaSO_4$ 的电导率时，水的电导率为何不能忽略？

实验十三　配位化合物

【实验目的】

1. 了解配离子与简单离子的区别。

2. 比较配离子的相对稳定性，了解配位平衡与沉淀反应、氧化还原反应和溶液酸碱性的关系。

3. 了解螯合物的形成。

【实验原理】

1. 配位化合物的性质

配合物一般可分为内界和外界两个部分。中心原子和配体组成配合物的内界（即配位个体），它几乎已经失去了中心原子原有的性质；与内界带有相反电荷的离子处于外界，它们仍保留着原有的性质。中心原子形成配位个体后，其性质就会发生改变，如颜色、溶解度、氧化性和还原性等。

2. 配位平衡

配离子在水溶液中存在配位—解离平衡。例如，$[Ag(NH_3)_2]^+$ 在溶液中存在下述反应：

$$Ag^+ + 2NH_3 \rightleftharpoons [Ag(NH_3)_2]^+$$

当达到平衡时：

$$K^{\theta}_{s[Ag(NH_3)_2]^+}=\frac{[Ag(NH_3)_2]^+}{[Ag^+][NH_3]^2}$$

$K^{\theta}_{s[Ag(NH_3)_2]^+}$为 $[Ag(NH_3)_2]^+$的稳定常数。不同的配离子具有不同的稳定常数，对于配体个数相同的配离子，稳定常数越大，配离子就越稳定。

根据平衡移动原理，改变中心原子或配体的浓度，会使配位平衡发生移动。加入某些沉淀剂、改变溶液的浓度或改变溶液的酸度等，配位平衡都会发生移动。

3. 螯合物

螯合物是由中心原子与多基配体形成的具有环状结构的配合物。许多金属离子所形成的螯合物具有特征的颜色，且难溶于水，而易溶于有机溶剂中。

例如，丁二酮肟在弱碱性条件下与 Ni^{2+} 生成鲜红色难溶于水的螯合物：

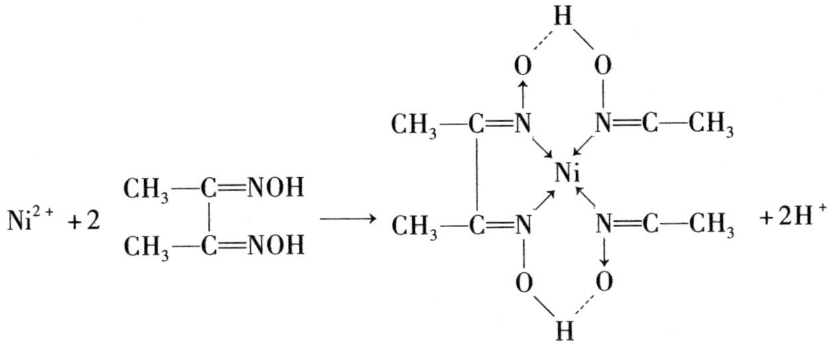

这一反应是检验 Ni^{2+} 的特征反应。

【实验仪器与试剂】

仪器：试管，试管架，试管刷。

试剂：$CuSO_4$(0.10mol · L^{-1})，$NH_3 \cdot H_2O$(2.0mol · L^{-1}，0.10mol · L^{-1})，无水酒精，$NiSO_4$(0.20mol · L^{-1})，$BaCl_2$(0.10mol · L^{-1})，NaOH(0.10mol · L^{-1})，$FeCl_3$(0.10mol · L^{-1})，KSCN(10.0mol · L^{-1}，0.10mol · L^{-1})，$K_3[Fe(CN)_6]$(0.10mol · L^{-1})，$AgNO_3$(0.10mol · L^{-1})，KBr(0.10mol · L^{-1})，$Na_2S_2O_3$(0.10mol · L^{-1})，$CoCl_2$(0.10mol · L^{-1})，H_2SO_4(2.0mol · L^{-1})，EDTA(0.10mol · L^{-1})。

【实验内容】

1. 配离子的生成和配合物的组成

(1) 在一支试管中加入约 1.0mL 0.10mol · L^{-1} $CuSO_4$ 溶液，再逐滴

滴入 2.0mol · L^{-1} $NH_3 \cdot H_2O$ 溶液，边滴边振荡试管，观察有何现象？写出反应方程式。取出约 1.0mL 溶液，加入另一支试管中，然后再向试管中加入 1.0mL 无水酒精，又有什么现象发生？解释这种现象。

（2）在两支试管中各加入约 1.0mL 0.2mol · L^{-1} $NiSO_4$ 溶液，然后分别加入少量 0.10mol · L^{-1} $BaCl_2$ 溶液和 0.10mol · L^{-1} NaOH 溶液。观察现象，写出反应方程式。另取一支试管，加入约 2.0mL 0.20mol · L^{-1} $NiSO_4$ 溶液，再逐滴滴加 2.0mol · L^{-1} $NH_3 \cdot H_2O$ 溶液，边滴边振荡，待生成的沉淀完全溶解后，把溶液分装在两个试管中，分别加入少量 0.10mol · L^{-1} $BaCl_2$ 溶液和 0.10mol · L^{-1} NaOH 溶液。观察现象，写出反应方程式，并解释所观察到的现象。

（3）在试管中滴入 10 滴 0.10mol · L^{-1} $FeCl_3$ 溶液，然后滴加少量 0.10mol · L^{-1} KSCN 溶液。观察现象，写出反应的化学方程式。用 0.10mol · L^{-1} $K_3[Fe(CN)_6]$ 溶液代替 $FeCl_3$ 溶液，按上述方法进行同样的实验。观察现象，并解释之。

2. 配离子稳定性的比较

在两支试管中各加入 2 滴 0.10mol · L^{-1} $AgNO_3$ 溶液，再各滴入 10 滴 0.10mol · L^{-1} KBr 溶液，观察浅黄色 AgBr 沉淀的生成。然后在一支试管中滴加 0.10mol · L^{-1} $Na_2S_2O_3$ 溶液，边滴加边振荡，直至沉淀恰好溶解。另一支试管中滴加相同体积的 0.10mol · L^{-1} $NH_3 \cdot H_2O$ 溶液，观察沉淀是否溶解。并加以解释。

3. 配位平衡的移动

（1）在一支试管中加入 3 滴 0.10mol · L^{-1} $FeCl_3$ 溶液，再加入 3 滴 0.10mol · L^{-1} KSCN 溶液，加 10.0mL 水稀释后，将溶液分成 3 份。第一份加入 5 滴 0.10mol · L^{-1} $FeCl_3$ 溶液；第二份中加入 5 滴 0.10mol · L^{-1} KSCN 溶液；第三份留作比较。观察现象，比较实验结果，并加以解释。

（2）在一支试管中加入 10 滴 0.10mol · L^{-1} $CoCl_2$ 溶液，滴加 10 滴 0.10mol · L^{-1} KSCN 溶液，观察溶液有何变化。逐滴滴加 10.0mol · L^{-1} KSCN 溶液，观察生成的蓝紫色溶液（生成 $[Co(SCN)_4]^{2-}$）。然后加水稀释，观察颜色有何变化？解释以上实验现象。

（3）在一支试管中加入少量 0.10mol · L^{-1} $CuSO_4$ 溶液，再滴加 2.0mol · L^{-1} $NH_3 \cdot H_2O$ 溶液至生成的沉淀恰好溶解为止，观察溶液的颜色。然后将此溶液加水稀释，观察沉淀又重新生成。解释上述现象。

（4）在一支试管中按上面实验方法制取 $[Cu(NH_3)_4]^{2+}$ 溶液，然后滴加 2.0mol·L^{-1} H_2SO_4 溶液，观察现象，并加以解释。

4. 螯合物的生成

取两支试管，在一支试管中滴加 10 滴 $[Fe(SCN)_6]^{3-}$ 溶液（自己制备），在另一支试管中滴加 10 滴 $[Cu(NH_3)_4]^{2+}$ 溶液（自己制备），然后分别向两支试管中滴加 0.10mol·L^{-1} EDTA 溶液。各有什么现象发生？解释所产生的现象。

【实验结果分析】

应用列表等形式分别说明以上各反应的实验现象，写出有关化学方程式，并解释其原因。

【思考题】

（1）举例说明配离子和简单离子的颜色、离子浓度、溶解度、氧化性、还原性等性质上的区别。

（2）总结本实验中所观察到的现象，说明有哪些因素影响配位平衡。

（3）本实验中所用到的 EDTA 是什么物质？它与金属离子所形成的配离子有何特点？

实验十四 $[Ti(H_2O)_6]^{3+}$分裂能的测定

【实验目的】

1. 掌握用分光光度法测 $[Ti(H_2O)_6]^{3+}$ 分裂能的原理和方法。
2. 巩固配位化合物晶体场理论的基本原理。
3. 学习分光光度计的使用。

【实验原理】

过渡金属离子的 d 轨道在晶体场的影响下会发生能级分裂。金属离子的 d 轨道没有被电子充满时，处于低能量 d 轨道上的电子吸收了一定波长的可见光可跃迁到能量较高的 d 轨道，这种 d－d 跃迁的能量差可以通过实验测定。

$[Ti(H_2O)_6]^{3+}$ 离子为八面体结构，在八面体场的影响下，Ti^{3+} 离子的 5 个简并的 d 轨道分裂为二重简并的 d_γ 轨道和三重简并的 d_ε 轨道，d_γ 轨道和 d_ε 轨道的能量差等于分裂能 Δo，如图 2－11 所示。

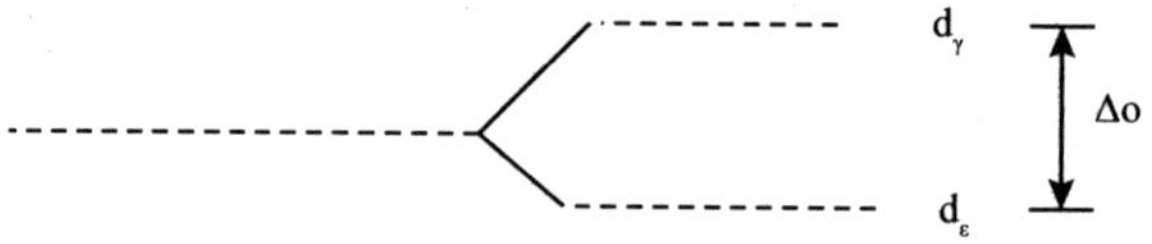

图 2-11 八面体场 d 轨道能级分裂示意图

根据

$$E_{光}=E_{d\gamma}-E_{d_\varepsilon}=\Delta_0$$

$$E_{光}=hv=\frac{hc}{\lambda}$$

$$\Delta o=E_{光}=\frac{hc}{\lambda}=\frac{6.626\times10^{-34}\times2.9989\times10^{8}}{\lambda}$$

$$=\frac{1}{\lambda}\times1.986\times10^{-25}\text{J}\cdot\text{m}=1.986\times10^{-23}\times10^{7}\frac{1}{\lambda}\text{J}\cdot\text{nm}$$

式中 h—普朗克常数，6.626×10^{-34}J · s；

c—光速，2.998×10^{8}m · s^{-1}；

$E_{光}$—可见光光能，J；

υ—频率，s^{-1}；

λ—波长，nm。

Δo 常用波数（波长的倒数，1/λ）的单位 cm^{-1}表示。由上式知，1cm^{-1}相当于 1.986×10^{-23}J。

Δo 用 cm^{-1}表示，λ 单位为 nm 时，则有：

$$\Delta o=\frac{1}{\lambda}\times10^{7} \tag{2-13}$$

λ 是 $[Ti(H_2O)_6]^{3+}$ 离子最大吸收峰对应的波长。

λ 的值可以通过吸收光谱求得。先取一定浓度的 $[Ti(H_2O)_6]^{3+}$ 溶液，用分光光度法测出不同波长下的吸光度 A，以 A 为纵坐标，λ 为横坐标作图可得吸收曲线，曲线最高峰所对应的 λ_{max} 为 $[Ti(H_2O)_6]^{3+}$ 的最大吸收波长，代入（2-13）式计算出分裂能 Δo。

【实验仪器与试剂】

仪器：721 型分光光度计，容量瓶（50mL），吸量管（5mL），烧杯。

试剂：15% $TiCl_3$。

【实验内容】

1. 一定浓度 $TiCl_3$ 溶液的配制

用吸量管吸取 5.00mL 15% $TiCl_3$ 溶液于 50mL 容量瓶中，加去离子水稀释至刻度，摇匀。

2. 吸光度的测定

以去离子水作为参比液，用分光光度计在波长为 420 ~ 560nm 范围内，每隔 10nm 测一次上述溶液的吸光度 A，在接近峰值附近，每隔 5nm 测一次数据，记录在表 2 - 16 中。

表 2 - 16　　$[Ti(H_2O)_6]^{3+}$ 溶液吸光度与吸收波长的关系

λ/nm											
A											
λ/nm											
A											

【数据处理】

1. 以 A 为纵坐标，λ 为横坐标作 $[Ti(H_2O)_6]^{3+}$ 的吸收曲线，求 λ_{max}。

2. 求分裂能 Δo。

【注意事项】

1. 所有盛过钛盐溶液的容器，实验后应洗净，避免染色。

2. 由于 Cl^- 有一定的配位作用，会影响 $[Ti(H_2O)_6]^{3+}$ 的实验结果，如以 $Ti(NO_3)_3$ 代替 $TiCl_3$，由于 NO_3^- 的配位作用极弱，会得到较好的实验结果。

【思考题】

(1) 不同浓度 $TiCl_3$ 稀溶液所测得的吸收曲线有何异同点？同一波长下，光的吸收程度与溶液的浓度有何关系？

(2) 在本实验吸收曲线的测定中，溶液浓度的高低对测定分裂能有无影响？

(3) $[Ti(H_2O)_6]^{3+}$ 分裂能的文献值为 20400 cm^{-1}，对比实验测定结果试分析产生误差的原因。

第3章　元素化合物性质实验

实验一　s 区元素

【实验目的】

1. 比较碱金属、碱土金属的活泼性。

2. 掌握碱金属和碱土金属某些难溶盐的溶解性。

3. 学习焰色反应的操作方法。

4. 利用 Na^+、K^+、NH_4^+、Ca^{2+}、Ba^{2+} 等离子的特征，自行设计实验方案对混合液中各离子进行分离和检出。

【实验原理】

s 区元素包括元素周期表中ⅠA 族和ⅡA 族元素。ⅠA 族元素称为碱金属，价电子层结构为 ns^1；周期表中第ⅡA 族元素称为碱土金属，价电子层结构为 ns^2。这两组元素是周期表中最典型的金属元素，化学性质非常活泼，其单质都是强还原剂。

碱土金属的活泼性仅次于碱金属。钠和钾与水作用都很激烈，而镁与水作用缓慢，这是由于表面形成一层难溶于水的氢氧化镁，阻碍了金属镁与水的作用。

碱金属的盐一般易溶于水，仅有少数盐类难溶于水，如 $K_2Na[Co(NO_2)_6]$、$NaAc \cdot Zn(Ac)_2 \cdot 3UO_2(Ac)_2 \cdot 9H_2O$ 等，可利用它们的难溶性来鉴定 K^+、Na^+ 离子。在碱土金属盐中，硝酸盐、卤化物（氟化物除外）、醋酸盐易溶于水，碳酸盐、硫酸盐、磷酸盐、草酸盐等难溶。可利用难溶盐的生成和溶解性差异来鉴定 Mg^{2+}、Ca^{2+} 离子。

金属钠易与空气中的氧气作用生成浅黄色过氧化钠，其水溶液呈碱性，且不稳定，分解产生氧气：

$$Na_2O_2 + 2H_2O \xlongequal{} 2NaOH + H_2O_2$$

$$2H_2O_2 \xlongequal{} 2H_2O + O_2 \uparrow$$

碱金属和碱土金属及其挥发性的化合物在高温火焰中可放出一定波长的光，使火焰呈现特征的焰色。例如，钠呈黄色，钾、铷、铯呈紫色，锂呈红色，钙呈砖红色，锶呈洋红色，钡呈黄绿色。利用焰色反应，可鉴定碱金属和碱土金属的离子。

【实验仪器与试剂】

仪器：坩埚坩，坩埚，镊子，烧杯，试管，试管架，酒精灯，玻璃棒，铂丝，蓝色钴玻璃。

试剂：Na(s)，H_2SO_4（2.0mol · L^{-1}），$KMnO_4$（0.10mol · L^{-1}），HCl（2.0mol · L^{-1}，6.0mol · L^{-1}），HAc（2.0mol · L^{-1}），NaAc（0.10mol · L^{-1}），KNO_3（0.10mol · L^{-1}），NaCl（0.10mol · L^{-1}），KCl（0.10mol · L^{-1}），$MgCl_2$（0.10mol · L^{-1}），$CaCl_2$（0.10mol · L^{-1}），$BaCl_2$（0.10mol · L^{-1}），$SrCl_2$（0.10mol · L^{-1}），NaOH（2.0mol · L^{-1}），$NH_3 \cdot H_2O$（2.0mol · L^{-1}），K_2CrO_4（0.10mol · L^{-1}），Na_2CO_3（1.0mol · L^{-1}），饱和$(NH_4)_2C_2O_4$，饱和$(NH_4)_2SO_4$，Na_2SO_4（1.0mol · L^{-1}），饱和 $Na_3[Co(NO_2)_6]$，酚酞（2.0g/L 酒精溶液），饱和醋酸铀酰锌溶液，镁条，pH 试纸，砂纸，滤纸。

【实验内容】

1. 金属钠和镁的性质

（1）钠与空气中氧的作用。

用镊子取一小块金属钠（绿豆大），用滤纸吸干其表面的煤油，切去表面的氧化膜，立即置于坩埚中加热。当钠开始燃烧时，停止加热。观察反应情况和产物的颜色、状态。冷却后，往坩埚中加入 2mL 蒸馏水使产物溶解，然后把溶液转移到一支试管中，用 pH 试纸测定溶液的酸碱性。再用 2mol · L^{-1} H_2SO_4 酸化，滴加 1 ~ 2 滴 0.01mol · L^{-1} $KMnO_4$ 溶液。观察紫色是否褪去，由此说明水溶液中是否有 H_2O_2，从而推知钠在空气中燃烧是否有 Na_2O_2 生成。写出以上有关反应的化学方程式。

（2）钠、镁与水的反应。

①用镊子取一小块金属钠，用滤纸吸干表面煤油，放入盛水的烧杯中，观察现象，并检验反应后所得溶液的酸碱性，写出有关反应的化学方程式。

②取一小段镁条，用砂纸擦去表面氧化物，放入盛水的烧杯中，观察

现象。然后加热至沸，再观察现象，并检验反应后所得溶液的酸碱性，写出有关反应的化学方程式。

通过上述实验现象比较ⅠA族和ⅡA族元素的活泼性。

2. 碱金属和碱土金属的难溶盐

（1）钠和钾难溶盐的生成：取两支试管，分别加入少量0.1mol·L^{-1} NaAc溶液和0.1mol·L^{-1} KNO_3溶液，前者用HAc酸化，再加1.0mL饱和醋酸铀酰锌溶液，后者加饱和$Na_3[Co(NO_2)_6]$溶液，观察产物的颜色和状态，写出有关反应的化学方程式。

上述反应常用于Na^+、K^+的鉴定。

（2）碱土金属的难溶盐。

①取少量$MgCl_2$、$CaCl_2$和$BaCl_2$溶液，分别加入几滴1.0mol·L^{-1} Na_2SO_4溶液，观察有无沉淀生成。如有沉淀生成，取少量沉淀加入饱和$(NH_4)_2SO_4$溶液，观察沉淀是否溶解，并比较$MgSO_4$、$CaSO_4$、$BaSO_4$在$(NH_4)_2SO_4$溶液中的溶解性。

②取少量$MgCl_2$、$CaCl_2$和$BaCl_2$溶液，分别加入饱和$(NH_4)_2C_2O_4$溶液，观察有无沉淀生成。如有沉淀生成，分别试验沉淀与2.0mol·L^{-1} HAc溶液和2.0mol·L^{-1} HCl溶液的反应，写出有关反应的化学方程式，并比较三种草酸盐溶解度的大小。

③取少量$CaCl_2$、$BaCl_2$溶液，分别加入0.10mol·L^{-1} K_2CrO_4溶液，观察现象，并试验产物与2.0mol·L^{-1}HAc溶液和2.0mol·L^{-1} HCl溶液的反应，写出有关反应的化学方程式。

④在$MgCl_2$溶液中加入少量和过量的Na_2CO_3溶液，观察现象。然后另取$CaCl_2$、$BaCl_2$溶液，分别加入Na_2CO_3溶液，观察现象。并试验所得沉淀与2.0mol·L^{-1}HAc溶液反应的情况。

3. 碱土金属氢氧化物的溶解度

（1）各取少量$MgCl_2$、$CaCl_2$和$BaCl_2$溶液，分别加入2.0mol·L^{-1} $NH_3·H_2O$，观察有无沉淀产生。

（2）各取少量$MgCl_2$、$CaCl_2$和$BaCl_2$溶液，分别加入新配制（不含CO_3^{2-}）的2.0mol·L^{-1}NaOH溶液，观察有无沉淀产生。

根据试验结果，比较$Mg(OH)_2$、$Ca(OH)_2$、$Ba(OH)_2$溶解度的大小。

4. 碱金属、碱土金属元素的焰色反应

取一支铂丝（或镍铬丝），铂丝的尖端弯成小环状，蘸以6mol·L^{-1}盐酸溶液在氧化焰中烧片刻，再浸入盐酸中，再灼烧，如此重复直至火焰无色。依照此法，分别蘸取 0.1mol·L^{-1} NaCl、KCl、$CaCl_2$、$SrCl_2$、$BaCl_2$ 溶液在氧化焰中灼烧，观察火焰的颜色。每进行完一种溶液的焰色反应后，均需蘸浓盐酸溶液灼烧铂丝（或镍铬丝），烧至火焰无色后，再进行新的溶液的焰色反应。观察钾盐的焰色时，为消除钠对钾焰色的干扰，一般需用蓝色钴玻璃片滤光后观察。

【思考题】

（1）为什么碱金属和碱土金属的单质一般都放在煤油中保存？它们的化学活泼性如何递变？

（2）若实验室中发生镁燃烧的事故，可否用水或二氧化碳来灭火？应用何种方法灭火？

（3）为什么 $BaCO_3$、$BaCrO_4$ 和 $BaSO_4$ 在 HAc 溶液或 HCl 溶液中的溶解情况不同？

（4）为什么说焰色反应是由金属离子，而不是由非金属离子产生的？

（5）水溶液中有以下金属离子：Na^+、K^+、NH_4^+、Mg^{2+}、Ca^{2+} 及 Ba^{2+}，设计实验方案进行分离和检出。

实验二　p 区元素（锡和铅）

【实验目的】

1. 掌握锡、铅氢氧化物的酸碱性及锡、铅难溶盐的性质。
2. 理解锡（Ⅱ）的强还原性和铅（Ⅳ）的氧化性。
3. 了解铅化合物的危害。

【实验原理】

1. 锡和铅氢氧化物的酸碱性

当锡和铅的盐和强碱作用时，可得到锡和铅的氢氧化物，这些氢氧化物中除了 $Pb(OH)_4$ 是棕色沉淀外，其余均为无定形的白色沉淀，在水中溶解度都很小。

$Sn(OH)_2$ 和 $Pb(OH)_2$ 均为两性氢氧化物。前者溶于碱的反应是：

$$Sn(OH)_2 + 2OH^- = [Sn(OH)_4]^{2-}$$

锡（Ⅳ）的氢氧化物由 $SnO_2 \cdot xH_2O$ 组成，称为锡酸。锡酸分为 α－锡酸和 β－锡酸两种。α－锡酸为无定形粉末，能溶于酸和碱。

$$Sn(OH)_4 + 4HCl \xlongequal{} SnCl_4 + 4H_2O$$

$$Sn(OH)_4 + 2NaOH \xlongequal{} Na_2[Sn(OH)_6]$$

β-锡酸是晶态的，由金属锡和浓 HNO_3 反应制得，它既不溶于酸也不溶于碱。

2. 锡（Ⅱ）还原性和铅（Ⅳ）的氧化性

亚锡酸盐和氯化亚锡都具有较强的还原性，在碱性溶液中，$[Sn(OH)_4]^{2-}$ 能把 Bi^{3+} 还原为金属铋：

$3[Sn(OH)_4]^{2-} + 2Bi^{3+} + 6OH^- \rightarrow 3[Sn(OH)_6]^{2-} + 2Bi\downarrow$(黑)

PbO_2 是常用的氧化剂，在酸性介质中，可将 Mn^{2+} 氧化成 MnO_4^-，此法可用于鉴定 Mn^{2+} 离子。PbO_2 也可和 HCl、H_2SO_4 发生氧化还原反应。

$$2Mn^{2+} + 5PbO_2 + 4H^+ \xlongequal{} 2MnO_4^- + 5Pb^{2+} + 2H_2O$$

$$PbO_2 + 4HCl \xlongequal{} PbCl_2 + Cl_2 + 2H_2O$$

3. 锡、铅难溶化合物的生成和性质

铅盐的溶解性和颜色：铅盐大多都难溶于水和稀酸，且铅盐的沉淀大多具有特征的颜色。

$PbCl_2$	$PbSO_4$	$PbCO_3$	PbI_2	$PbCrO_4$	PbS
白色	白色	白色	金黄色	黄色	黑色

$PbCl_2$ 可溶于热水和浓 HCl 中；$PbSO_4$ 可溶于浓硫酸或饱和的 NH_4Ac 溶液中，也溶于强碱中；PbI_2 能溶于沸水或 KI 溶液中。

$$PbCl_2 + 2HCl(浓) \xlongequal{} H_2[PbCl_4]$$

$$PbSO_4 + H_2SO_4(浓) \xlongequal{} Pb(HSO_4)_2$$

$$PbSO_4 + 3Ac^- \xlongequal{} Pb(Ac)_3^- + SO_4^{2-}$$

$$PbI_2 + 2KI \xlongequal{} K_2[PbI_4]$$

$PbCrO_4$ 因具有特征的颜色且溶解度小，常被用于定性鉴定 Pb^{2+}，它和其他黄色难溶盐的区别在于能溶于碱。

$$PbCrO_4 + 3OH^- \xlongequal{} Pb(OH)_3^- + CrO_4^{2-}$$

锡、铅的硫化物都难溶于水和稀酸，且具有特征的颜色。

SnS	SnS_2	PbS
棕色	黄色	黑色

与氧化物相似，低氧化态的硫化物呈碱性，高氧化态的硫化物有两性。因此，SnS、PbS 能溶于酸而不溶于碱。而 SnS_2 既能溶于浓 HCl 也能溶于碱或 Na_2S 溶液中。利用 SnS 和 SnS_2 在碱性金属硫化物中溶解度的不

同可鉴别 Sn^{4+} 和 Sn^{2+} 离子。

$$SnS + 4HCl \xlongequal{} H_2[SnCl_4] + H_2S$$

$$PbS + 4HCl(浓) \xlongequal{} H_2[PbCl_4] + H_2S$$

$$3PbS + 8HNO_3(浓) \xlongequal{} 3Pb(NO_3)_2 + 3S + 2NO\uparrow + 4H_2O$$

$$SnS_2 + 6HCl \xlongequal{} H_2[SnCl_6] + 2H_2S$$

$$3SnS_2 + 6NaOH \xlongequal{} 2Na_2SnS_3 + Na_2[Sn(OH)_6]$$

$$SnS_2 + Na_2S \xlongequal{} Na_2SnS_3 \text{（硫代锡酸钠）}$$

【实验仪器与试剂】

仪器：试管，量筒，烧杯，蒸发皿，离心试管，离心机。

试剂：$PbO_2(s)$，锡粒，$SnCl_2(s)$，HNO_3（$0.50mol \cdot L^{-1}$、$2.0mol \cdot L^{-1}$、$6.0mol \cdot L^{-1}$，浓），$SnCl_2$（$0.5mol \cdot L^{-1}$），$Pb(NO_3)_2$（$0.5mol \cdot L^{-1}$），$Bi(NO_3)_3$（$0.5mol \cdot L^{-1}$），$SnCl_4$（$0.2mol \cdot L^{-1}$），$MnSO_4$（$0.1mol \cdot L^{-1}$），饱和 NaAc 溶液，饱和 H_2S 溶液，KI（$1.0mol \cdot L^{-1}$），NaOH（$2.0mol \cdot L^{-1}$、$6.0mol \cdot L^{-1}$），K_2CrO_4（$0.5mol \cdot L^{-1}$），HCl（$2.0mol \cdot L^{-1}$、$6.0mol \cdot L^{-1}$，浓），H_2SO_4（$1.0mol \cdot L^{-1}$、$3.0mol \cdot L^{-1}$，浓），$FeCl_3$（$0.5mol \cdot L^{-1}$），$(NH_4)_2S$（$1.0mol \cdot L^{-1}$），Na_2S（$1.0mol \cdot L^{-1}$），淀粉碘化钾试纸。

【实验内容】

1. 锡（Ⅱ）、铅（Ⅱ）氢氧化物的酸碱性

（1）氢氧化锡（Ⅱ）的生成和酸碱性。

在离心试管中加入 $0.50mol \cdot L^{-1}$ $SnCl_2$ 溶液 1.0ml，滴加 $2.0mol \cdot L^{-1}$ NaOH 溶液，即得白色的氢氧化锡（Ⅱ）沉淀。离心、弃去上清液，将沉淀分为两份，试验其对稀碱和稀酸溶液的反应。写出反应的化学方程式。溶于碱所得的溶液保留备用。

（2）氢氧化铅（Ⅱ）的生成和酸碱性。

用 $0.50mol \cdot L^{-1}$ $Pb(NO_3)_2$ 溶液与稀碱溶液制备 $Pb(OH)_2$，离心分离，弃去上清液，试验 $Pb(OH)_2$ 对稀酸（什么酸适宜?）和稀碱的作用。写出反应的化学方程式。

根据上面实验，试对氢氧化锡（Ⅱ）和氢氧化铅（Ⅱ）的酸碱性做出结论。

（3）α－锡酸与 β－锡酸的生成和性质。

①α－锡酸的生成和酸碱性。

取 1.0ml $0.2mol \cdot L^{-1}$ $SnCl_4$ 溶液与 $2.0mol \cdot L^{-1}$ NaOH 溶液反应，即

得 α－锡酸。离心分离，弃去上清液，实验 α－锡酸与稀酸和稀碱的反应。写出有关反应的化学方程式。

②β－锡酸的生成和性质。

取少量锡粒放入蒸发皿中，加入浓 HNO_3，微热，观察现象。写出反应的化学方程式。（本实验在通风橱中进行）

试验上述反应产物同 6.0mol · L^{-1} NaOH、2.0mol · L^{-1} NaOH 以及 6.0mol · L^{-1} HCl 溶液的反应。

根据实验结果，比较 α－锡酸与 β－锡酸性质上的差异。

2. 锡（Ⅱ）还原性和铅（Ⅳ）的氧化性

（1）锡（Ⅱ）还原性。

①试验 $SnCl_2$ 与 $FeCl_3$ 溶液的反应。

②在自制的亚锡酸钠溶液中，注入 0.50mol · L^{-1} $Bi(NO_3)_3$ 溶液，观察现象，此反应可用来鉴定 Sn^{2+} 和 Bi^{3+}。

（2）铅（Ⅳ）的氧化性。

①在少量的 PbO_2 中，注入浓 HCl，观察现象，并用淀粉碘化钾试纸检验生成的气体，写出反应的化学方程式。

②在少量的 PbO_2 中，加入 2.0ml 稀 H_2SO_4 及 2 滴 0.10mol · L^{-1} $MnSO_4$ 溶液，微热，观察现象。写出反应的化学方程式。

3. 锡、铅难溶化合物的生成和性质

（1）氯化铅。

在 1.0ml 去离子水中滴数滴 0.50mol · L^{-1} $Pb(NO_3)_2$ 溶液，再滴几滴稀 HCl，即有白色的 $PbCl_2$ 沉淀生成。将所得白色沉淀连同溶液一起加热，沉淀是否溶解？再把溶液冷却，又有什么变化？说明 $PbCl_2$ 的溶解度与温度的关系。

取以上白色沉淀少许，注入浓 HCl，观察沉淀溶解情况。

（2）碘化铅。

取数滴 0.50mol · L^{-1} $Pb(NO_3)_2$ 溶液用水稀释至 1.0ml 后，滴数滴 KI 溶液，即生成橙黄色 PbI_2 沉淀，实验它在热水和冷水中的溶解度。

（3）铬酸铅。

用 $Pb(NO_3)_2$ 溶液和 0.5mol · L^{-1} K_2CrO_4 溶液制备 $PbCrO_4$。实验它在 6.0mol · L^{-1} HNO_3 溶液中的溶解情况。写出有关反应的化学方程式。

（4）硫酸铅。

在 1.0ml 水中滴数滴 0.50mol · L^{-1} $Pb(NO_3)_2$ 溶液，再滴入几滴稀

H_2SO_4，即得白色的 $PbSO_4$ 沉淀。滴数滴饱和的 NaAc 溶液，微热，并不断搅拌，沉淀是否溶解？解释上述现象。写出有关反应的化学方程式。

（5）锡（Ⅱ）与锡（Ⅳ）硫化物性质的比较。

在一支试管中加入 $SnCl_2$ 溶液，在另一支试管中加入 $SnCl_4$ 溶液。两支试管中分别加入饱和的 H_2S 溶液，观察沉淀的颜色有何不同？分别实验所得沉淀物与 $2.0mol \cdot L^{-1}$ HCl、$1.0mol \cdot L^{-1} Na_2S$ 和 $(NH_4)_2S_x$（多硫酸铵）溶液的反应。通过实验能得出什么结论？写出有关反应的化学方程式。

（6）铅（Ⅱ）与锡（Ⅱ）硫化物性质的比较。

往盛有 $Pb(NO_3)_2$ 溶液的试管中加入饱和的 H_2S 溶液，观察沉淀的颜色。分别试验所得沉淀物与 $2.0mol \cdot L^{-1}$ HCl、$1.0mol \cdot L^{-1}$ Na_2S、$(NH_4)_2S_x$ 和浓 HNO_3 溶液的反应。

将此实验结果与上面（5）中的 SnS 性质比较，两者有何不同？写出有关反应的化学方程式。

根据实验现象并查阅课本填写下表：

表3-1　　锡、铅难溶化合物的性质

化合物	颜色	溶解性（水或其他溶剂）	溶度积（K_{sp}）
$PbCl_2$			
PbI_2			
$PbCrO_4$			
$PbSO_4$			
PbS			
SnS			
SnS_2			

【思考题】

（1）实验室中如何配制 $SnCl_2$ 溶液？

（2）试验 $Pb(OH)_2$ 的酸碱性，应使用什么酸？为什么？

（3）有 Ag^+、Pb^{2+}、Bi^{3+} 的混合溶液，试利用下列试剂进行鉴别：$6mol \cdot L^{-1}$ HCl，$6mol \cdot L^{-1}$ HNO_3，硫代乙酰胺水溶液，$3mol \cdot L^{-1}$ HAc，$2mol \cdot L^{-1}$ $NH_3 \cdot H_2O$，$0.2mol \cdot L^{-1}$ $SnCl_2$。写出实验方案、实验现象和

有关反应的化学方程式。

（4）Pb 的标准电极电势小于 H，为什么 Pb 却不溶于稀盐酸和稀硫酸，而溶于热的浓硫酸、浓盐酸和稀硝酸？

实验三　p 区元素（氮族、硅、硼）

【实验目的】

1. 掌握铵盐、亚硝酸、硝酸及其盐的性质。
2. 试验磷酸盐的酸碱性和溶解性。
3. 掌握硅酸及硅酸盐的主要性质。
4. 掌握硼酸及硼砂的重要性质及鉴定方法，练习硼砂珠实验的有关操作。

【实验原理】

固体铵盐受热易分解，分解情况因组成铵盐相应的酸的性质不同而异，若为无氧化性且易挥发的酸，则酸和氨一起挥发出来；若是无氧化性不挥发的酸，则只有氨挥发，酸或酸式盐留在试管中；若是氧化性的酸，则分解出的氨被酸氧化生成 N_2 或 N_2O。

$$NH_4Cl \xrightarrow{\triangle} NH_3\uparrow + HCl\uparrow$$

$$(NH_4)_2SO_4 \xrightarrow{\triangle} 2NH_3\uparrow + H_2SO_4$$

$$(NH_4)_2Cr_2O_7 \xrightarrow{\triangle} N_2\uparrow + Cr_2O_3 + 4H_2O \qquad (3-1)$$

亚硝酸稳定性差，易分解，它仅存在于冷的稀溶液中，为一元弱酸。遇热易分解为 NO、N_2O 和 H_2O，试管口有红棕色气体生成。

$$2HNO_2 \underset{冷}{\overset{热}{\rightleftharpoons}} H_2O + NO\uparrow + NO_2\uparrow \qquad (3-2)$$

亚硝酸中 N 为 +3 价中间价态，因此 NO_2^- 离子既具有氧化性，也具有还原性。

$$2NO_2^- + 2I^- + 4H^+ = I_2 + 2NO\uparrow + 2H_2O$$

$$2MnO_4^- + 5NO_2^- + 6H^+ = 5NO_3^- + 2Mn^{2+} + 3H_2O \qquad (3-3)$$

硝酸的重要性质是强氧化性，浓度愈大，氧化性愈强。这是由于硝酸分子结构不对称、氮的氧化数最高、其分解产物 NO_2 又有催化作用等原因所致。硝酸作氧化剂时，本身被还原成各种低氧化态的产物，具体产物与硝酸的浓度、还原剂的本性及反应温度等因素有关。大致规律如下：

（1）浓硝酸的反应产物是 NO_2，稀硝酸的产物是 NO。例如：

$$Cu + 4HNO_3(浓) = Cu(NO_3)_2 + 2NO_2\uparrow + 2H_2O$$

$$3Cu + 8HNO_3(稀) = 3Cu(NO_3)_2 + 2NO\uparrow + 4H_2O$$

（2）活泼金属与稀硝酸反应，产物可以是 N_2O，若硝酸很稀可生成铵盐。例如：

$$4Zn + 10HNO_3(稀) = 4Zn(NO_3)_2 + N_2O\uparrow + 5H_2O$$

$$4Zn + 10HNO_3(极稀) = 4Zn(NO_3)_2 + NH_4NO_3 + 3H_2O$$

固体硝酸盐受热分解产物因金属离子性质的不同而不同。碱金属和碱土金属（不包括锂、铍和镁）的硝酸盐分解为亚硝酸盐和氧气；镁、铜及金属活泼性位于镁与铜之间的硝酸盐分解为氧气、二氧化氮和金属氧化物；活泼性比铜差的金属硝酸盐分解为氧气、二氧化氮和金属单质。

$$2NaNO_3 \xrightarrow{\triangle} 2NaNO_2 + O_2\uparrow$$

$$2Cu(NO_3)_2 \xrightarrow{\triangle} 2CuO + 4NO_2 + O_2\uparrow$$

$$2AgNO_3 \xrightarrow{\triangle} 2Ag + O_2 + 2NO_2\uparrow$$

磷酸是三元酸，所以有三个系列的磷酸盐。所有磷酸二氢盐都易溶于水。除碱金属和铵外，其他金属的磷酸氢盐和正磷酸盐都难溶。

$$3Ag^+ + PO_4^{3-} = Ag_3PO_4\downarrow$$

$$3Ag^+ + HPO_4^{2-} = Ag_3PO_4\downarrow + H^+$$

$$3Ag^+ + H_2PO_4^- = Ag_3PO_4\downarrow + 2H^+$$

$$3Ca^{2+} + 2PO_4^{3-} = Ca_3(PO_4)_2\downarrow$$

$$Ca^{2+} + HPO_4^{2-} = CaHPO_4\downarrow$$

磷酸二氢盐的水溶液中，$H_2PO_4^-$ 离子的电离程度大于它水解的程度，所以溶液呈酸性。磷酸氢盐的水溶性呈碱性，因为 HPO_4^{2-} 离子水解的程度大于它电离的程度，正磷酸盐的溶液则碱性更强，因 PO_4^{3-} 离子只进行水解。实验室及医药工作中，常用各种磷酸盐配制缓冲溶液。

硅酸是一种几乎不溶于水的二元弱酸，易发生缩合反应，所以硅酸从水中析出一般呈凝胶状，烘干脱水后得到硅胶。

$$Na_2SiO_3 + H_2O + 2HCl = H_4SiO_4\downarrow + 2NaCl$$

硅酸盐除碱金属以外，其他金属的硅酸盐都不溶于水。将一些小颗粒的金属盐类加入 Na_2SiO_3 溶液中，生成难溶性硅酸盐，由于其反应非常缓慢，这些不同颜色的沉淀如同植物般在 Na_2SiO_3 溶液中生长，形成所谓的“水中花园”。

$$Ca^{2+} + SiO_3^{2-} \longrightarrow CaSiO_3 \downarrow (白色)$$

$$Co^{2+} + SiO_3^{2-} \longrightarrow CoSiO_3 \downarrow (紫色)$$

$$Ni^{2+} + SiO_3^{2-} \longrightarrow NiSiO_3 \downarrow (绿色)$$

$$Zn^{2+} + SiO_3^{2-} \longrightarrow ZnSiO_3 \downarrow (绿色)$$

$$Mn^{2+} + SiO_3^{2-} \longrightarrow MnSiO_3 \downarrow (粉色)$$

$$Fe^{3+} + SiO_3^{2-} \longrightarrow Fe_2(SiO_3)_3 \downarrow (红棕色)$$

硼酸是一元酸，硼酸的酸性是因为硼原子为缺电子原子，加合来自水分子的氢氧根而释放出氢离子，加入多羟基化合物可使硼酸的酸性大为增强。

硼酸在醇与浓硫酸的作用下发生酯化反应，浓硫酸为脱水剂：

$$H_3BO_3 + 3CH_3CH_2OH \longrightarrow (CH_3CH_2O)_3B + 3H_2O$$

生成物硼酸三乙酯点燃时呈现特殊绿色火焰，该焰色用于硼酸或硼酸根的鉴别。

硼砂是带有结晶水的四硼酸的钠盐，化学式为 $Na_2B_4O_5(OH)_4 \cdot 8H_2O$。硼砂在 878℃时熔化为玻璃状物，因为熔体中含有酸性氧化物三氧化二硼，故能溶解金属氧化物。可以利用熔融的硼砂能与多数金属元素的氧化物及盐类形成各种不同颜色化合物的特性，检验某些金属元素的存在，又称硼砂珠实验。

如：$Na_2B_4O_7 + Co(NO_3)_2 \longrightarrow 2NaBO_2 \cdot Co(BO_2)_2 + NO_2 \uparrow + O_2 \uparrow$ (蓝宝石色)

$$3Na_2B_4O_7 + Cr_2O_3 \longrightarrow 6NaBO_2 \cdot 2Cr(BO_2)_3 (黄绿色)$$

【实验仪器与试剂】

仪器：恒温水浴锅，试管，烧杯，酒精灯，表面皿，铂丝。

试剂：$NH_4Cl(s)$，$(NH_4)_2SO_4(s)$，$(NH_4)_2Cr_2O_7(s)$，$NaNO_3(s)$，$Cu(NO_3)_2(s)$，$AgNO_3(s)$，$CaCl_2(s)$，$Co(NO_3)_2(s)$，$CuSO_4(s)$，$NiSO_4(s)$，$MnSO_4(s)$，$Fe_2(SO_4)_3(s)$，$CrCl_3(s)$，$H_3BO_3(s)$，硼砂，硫粉，锌片，H_2SO_4(浓、$2mol \cdot L^{-1}$)，HNO_3(浓、$0.5mol \cdot L^{-1}$)，HCl(浓、$6mol \cdot L^{-1}$、$2mol \cdot L^{-1}$)，$NaNO_2$(饱和、$0.5mol \cdot L^{-1}$)，$KMnO_4$($0.1mol \cdot L^{-1}$)，KI($0.1mol \cdot L^{-1}$)，H_3PO_4($0.1mol \cdot L^{-1}$)，Na_3PO_4($0.1mol \cdot L^{-1}$)，Na_2HPO_4($0.1mol \cdot L^{-1}$)，NaH_2PO_4($0.1mol \cdot L^{-1}$)，$AgNO_3$($0.1mol \cdot L^{-1}$)，$CaCl_2$($0.5mol \cdot L^{-1}$)，$NH_3 \cdot H_2O$($2mol \cdot L^{-1}$)，

NaOH(40%)，Na_2SiO_3(20%)，硼砂（饱和），无水乙醇，甘油，pH 试纸，红色石蕊试纸。

【实验内容】

1. 铵盐的热分解

在一支干燥的硬质试管中放入约 1g NH_4Cl，将试管垂直固定、加热，并用润湿的 pH 试纸横放在管口，观察试纸颜色的变化。在试管壁上部有何现象发生？解释现象，写出反应的化学方程式。

分别用 $(NH_4)_2SO_4$ 和 $(NH_4)_2Cr_2O_7$ 代替氯化铵重复以上实验，观察并比较它们的热分解产物，写出反应的化学方程式。根据实验结果总结铵盐热分解产物与阴离子的关系。

2. 亚硝酸和亚硝酸盐

（1）亚硝酸的生成和分解。

将 1mL 3mol · L^{-1} H_2SO_4 溶液注入在冰水中冷却的 1mL 饱和 $NaNO_2$ 溶液中，观察反应情况和产物的颜色。将试管从冰水中取出，放置片刻，观察有何现象发生，写出相应反应的化学方程式。

（2）亚硝酸的氧化性和还原性。

在试管中加入 2 滴 0.1mol · L^{-1} KI 溶液，用 2mol · L^{-1} H_2SO_4 酸化，然后滴加 0.5mol · L^{-1}的 $NaNO_2$ 溶液，观察现象，写出反应的化学方程式。

用 0.1mol · $L^{-1}$$KMnO_4$ 溶液代替 KI 溶液重复上述实验，观察溶液的颜色有何变化，写出反应的化学方程式。

3. 硝酸和硝酸盐

（1）硝酸的氧化性。

①分别往两支各盛少量锌片的试管中加入 1mL 浓 HNO_3 和 1mL 0.5mol · L^{-1} HNO_3 溶液，观察两者反应速率和反应产物有何不同。将两滴锌与稀硝酸反应的溶液滴到一只表面皿上，再将润湿的红色石蕊试纸贴于另一只表面皿凹处。向装有溶液的表面皿中加一滴 40% NaOH 溶液，迅速将贴有试纸的表面皿倒扣其上并且放在热水浴上加热。观察红色石蕊试纸是否变为蓝色。此法称为气室法检验 NH_4^+。

②在试管中放入少许硫粉，加入 1mL 浓 HNO_3，水浴加热。观察有何气体产生。冷却，检验反应产物。

（2）硝酸盐的热分解。

分别试验固体 $NaNO_3$、$Cu(NO_3)_2$、$AgNO_3$ 的热分解，观察反应的情况和产物的颜色，检验反应生成的气体，写出反应的化学方程式。总结硝

酸盐的热分解与阳离子的关系。

4. 磷酸盐的性质

（1）酸碱性。

①用 pH 试纸测定 0.1mol·L^{-1} Na_3PO_4、Na_2HPO_4 和 NaH_2PO_4 溶液的 pH。

②分别往三支试管中加入 0.5mL 0.1mol·L^{-1}的 Na_3PO_4，Na_2HPO_4 和 NaH_2PO_4 溶液，再各滴加入适量的 0.1mol·L^{-1} $AgNO_3$ 溶液，是否有沉淀产生？试验溶液的酸碱性有无变化？解释之。写出有关反应的化学方程式。

（2）溶解性。

分别取 0.1mol·L^{-1}的 Na_3PO_4、Na_2HPO_4 和 NaH_2PO_4 溶液各 0.5mL，加入等量的 0.5mol·L^{-1} $CaCl_2$ 溶液，观察有何现象，用 pH 试纸测定它们的 pH。滴加 2mol·L^{-1}氨水，各有何变化？再滴加 2mol·L^{-1}盐酸，又有何变化？

比较磷酸钙、磷酸氢钙、磷酸二氢钙的溶解性，说明它们之间相互转化的条件，写出反应的化学方程式。

5. 硅酸与硅酸盐

（1）硅酸水凝胶的生成。

往 2mL 20% Na_2SiO_3 溶液中滴加浓盐酸，观察产物的颜色、状态。

（2）微溶性硅酸盐的生成。

在 100mL 的小烧杯中加入约 30mL 20% 的 Na_2SiO_3 溶液，然后把 $CaCl_2$、$Co(NO_3)_2$、$NiSO_4$、$ZnSO_4$、$MnSO_4$、$Fe_2(SO_4)_3$ 固体各一小粒投入杯内（注意各固体之间保持一定间隔），放置一段时间后观察有何现象发生。

6. 硼酸及硼酸的焰色鉴定反应

（1）硼酸的性质。

取 1mL 饱和硼酸溶液，用 pH 试纸测其 pH。在硼酸溶液中滴入 3～4 滴甘油，再测溶液的 pH。该实验说明硼酸具有什么性质？

（2）硼酸的鉴定反应。

在蒸发皿中放入少量的硼酸晶体，再加入 1m 乙醇和几滴浓硫酸。混合后点燃，观察火焰的颜色有何特征。

7. 硼砂珠试验

（1）硼砂珠的制备。

用 6mol·L^{-1}盐酸清洗铂丝，然后将其置于氧化焰中灼烧片刻，取出再浸入酸中，如此重复数次直至铂丝在氧化焰中灼烧不产生离子特征的颜色，表示铂丝已经洗干净了。将这样处理过的铂丝蘸上一些硼砂固体，在氧化焰中灼烧并熔融成圆珠，观察硼砂珠的颜色、状态。

（2）用硼砂珠鉴定钴盐和铬盐。

用烧热的硼砂珠分别沾上少量 $Co(NO_3)_2$ 和 $CrCl_3$ 固体，熔融之。冷却后观察硼砂珠的颜色，写出相应反应的化学方程式。

【实验结果分析】

应用列表等形式分别说明以上各反应的实验现象，写出有关反应的化学方程式，并解释其原因。

【思考题】

（1）在实验 4（1）中，为何 Na_3PO_4、Na_2HPO_4 和 NaH_2PO_4 与 $AgNO_3$ 溶液反应产物都是 Ag_3PO_4 沉淀，有无 Ag_2HPO_4 生成？若没有，说明为何与 $CaHPO_4$ 不同？

（2）为什么说硼酸是一元酸？在硼酸溶液中加入多羟基化合物后，溶液的酸性为什么会发生变化？

（3）通过实验可以用几种方法将无标签的试剂磷酸钠、磷酸氢钠、磷酸二氢钠一一鉴别出来？

（4）为什么装有水玻璃的试剂瓶长期敞开瓶口后水玻璃会变浑浊？反应 $Na_2CO_3 + SiO_2 = Na_2SiO_3 + CO_2\uparrow$ 能否正向进行？说明理由。

（5）现有一瓶白色粉末状固体，它可能是碳酸钠、硝酸钠、硫酸钠、氯化钠、溴化钠、磷酸钠中的任意一种，试设计方案进行鉴别。

实验四　p 区元素（卤素、氧、硫）

【实验目的】

1. 掌握卤素单质和卤离子的氧化性、还原性的变化规律。
2. 掌握卤素含氧酸盐的性质。
3. 掌握 H_2O_2 的重要性质。
4. 掌握硫的重要化合物的性质。

【实验原理】

1. 卤素及其含氧酸的性质

卤素单质具有很强的氧化性，且依 F_2、Cl_2、Br_2、I_2 次序减弱。Br^- 能被 Cl_2 氧化为 Br_2，在 CCl_4 中呈棕黄色。I^- 能被 Cl_2、Br_2 氧化为 I_2，在 CCl_4 中呈紫色。卤素离子的还原性顺序为 $Cl^- < Br^- < I^-$。

卤素单质（除 F_2 以外）溶于水，在水中存在下列平衡：

$$X_2 + H_2O = HX + HXO$$

这就是卤素单质的歧化反应。卤素的歧化反应易在碱性溶液中进行，且反应产物随着温度和碱液浓度的不同而变化。

卤素的含氧酸有多种形式：HXO、HXO_2、HXO_3、HXO_4。随着卤素氧化数的升高，其热稳定性增大，酸性增强，氧化性减弱。

次氯酸及其盐具有强氧化性：

$$NaClO + 2KI + H_2SO_4 = NaCl + K_2SO_4 + I_2 + H_2O$$

$$NaClO + MnSO_4 + 2NaOH = NaCl + MnO_2\downarrow + Na_2SO_4 + H_2O$$

$$NaClO + 2HCl = NaCl + Cl_2\uparrow + H_2O$$

氯酸盐在中性溶液中没有明显的强氧化性，但在酸性介质中表现出强氧化性：

$$ClO_3^- + 6I^- + 6H^+ = 3H_2O + 3I_2$$

2. H_2O_2 的性质

极纯的过氧化氢相当稳定，其水溶液的分解作用在常温下较平稳。当溶液中含量有微量杂质或一些重金属离子时能加速过氧化氢的分解。

$$2H_2O_2 = 2H_2O + O_2\uparrow$$

在酸性溶液中，H_2O_2 能使重铬酸盐生成过氧化铬（CrO_5）。CrO_5 显蓝色，在乙醚中比较稳定，故通常在反应前预先加入一些乙醚；否则在水溶液中 CrO_5 进一步与 H_2O_2 反应，蓝色迅速消失。该反应可用来鉴定 H_2O_2 的存在。

$$H_2O_2 + H_2Cr_2O_7 = 2CrO_5 + 5H_2O$$

$$2CrO_5 + 7H_2O_2 = 2Cr^3 + 7O_2\uparrow + 10H_2O$$

H_2O_2 是较强的氧化剂，但与更强的氧化剂作用时，它也是还原剂。在碱性介质中，H_2O_2 的还原性比酸介质中稍强。

H_2O_2 氧化性：$H_2O_2 + 2I^- + 2H^+ = I_2 + 2H_2O$

$$PbS + 4H_2O_2 = PbSO_4\downarrow + 4H_2O$$

H_2O_2 还原性：$5H_2O_2 + 2MnO_4^- + 6H^+ = 5O_2\uparrow + 2Mn^{2+} + 8H_2O$

3. 硫的重要化合物

硫化氢能和多种金属离子作用，生成不同颜色和不同溶解性的硫化物。根据溶度积规则，只有当离子积小于溶度积时，沉淀才能溶解。故此，针对不同金属硫化物，要使其溶解的一种方法是提高溶液的酸度，抑制 H_2S 的解离；另一种方法是采用氧化剂，将 S^{2-} 氧化，以使沉淀溶解。白色 ZnS、粉色的 MnS 溶于稀盐酸，黄色的 CdS、黑色的 PbS 溶于较浓的盐酸，黑色的 CuS、AgS 溶于硝酸，而 HgS（黑色）需要在王水中才能溶解。

除 H_2SO_4 硫酸外，硫的另一种重要含氧酸为 H_2SO_3，亚硫酸盐在酸中不稳定，易分解生成 SO_2。H_2SO_3 及其盐中 S 元素的氧化数为 +4，故有还原性，常作为还原剂，但当遇到还原性强的物质时，也可以起氧化剂的作用：

$$Cr_2O_7^{2-} + 3SO_3^{2-} + 8H^+ = 3SO_4^{2+} + 2Cr^{3+} + 4H_2O$$

硫代硫酸钠只能存在于中性介质中，遇酸易分解，生成单质硫和二氧化硫。

$$Na_2S_2O_3 + 2HCl = 2NaCl + S\downarrow + SO_2\uparrow + H_2O$$

硫代硫酸钠具有还原性，是一种中强还原剂，可被碘定量氧化为连四硫酸钠。

$$2Na_2S_2O_3 + I_2 = Na_2S_4O_6 + 2NaI$$

适量的 $AgNO_3$ 与 $S_2O_3^{2-}$ 离子作用，先生成白色 $Ag_2S_2O_3$ 沉淀，此沉淀不稳定，很快水解生成硫化银，沉淀颜色由白变黄至棕色，后变为黑色，此法可用于硫代硫酸根离子的鉴定。

$$2Ag^+ + S_2O_3^{2-} = Ag_2S_2O_3\downarrow(\text{白色})$$

$$Ag_2S_2O_3 + H_2O = H_2SO_4 + Ag_2S\downarrow(\text{黑色})$$

$S_2O_3^{2-}$ 离子具有配位性，过量的 $S_2O_3^{2-}$ 与 $AgNO_3$ 作用可生成水溶性的配离子。

$$Ag^+ + 2S_2O_3^{2-} = [Ag(S_2O_3)_2]^{3-}$$

过二硫酸盐具有极强的氧化性，在 $AgNO_3$ 的催化作用下 $S_2O_8^{2-}$ 离子能把 Mn^{2+} 离子氧化成 MnO_4^- 离子。

$$5S_2O_8^{2-} + 2Mn^{2+} + 8H_2O \xlongequal{Ag^+} 2MnO_4^- + 10SO_4^{2-} + 16H^+$$

【实验仪器与试剂】

仪器：试管，玻璃片，石棉网，离心机，离心试管，酒精灯。

试剂：$KClO_3$(s)，KBr(s)，KI(s)，KCl(s)，MnO_2(s)，I_2(s)，$K_2S_2O_8$(s)，NaCl(0.1mol · L^{-1})，KI(0.2mol · L^{-1})，氯水，溴水，$CHCl_3$，KBr(0.1mol · L^{-1})，淀粉溶液，NaOH(2.0mol · L^{-1})，HCl(0.2mol · L^{-1}、浓)，$MnSO_4$(0.2mol · L^{-1}，0.002mol · L^{-1})，$Pb(NO_3)_2$(0.2mol · L^{-1})，$CuSO_4$(0.2mol · L^{-1})，Na_2S(0.2mol · L^{-1})，品红溶液，H_2SO_4(浓，3.0mol · L^{-1}、1.0mol · L^{-1})，HNO_3(浓)，Na_2SO_3(0.5mol · L^{-1})，$K_2Cr_2O_7$(0.5mol · L^{-1})，$Na_2S_2O_3$(0.5mol · L^{-1})，$AgNO_3$(0.2mol · L^{-1})，3% H_2O_2，乙醚，$KMnO_4$(0.2mol · L^{-1})，pH 试纸，KI 淀粉试纸，蓝色石蕊试纸。

【实验内容】

1. Cl_2、Br_2、I_2 的氧化性及 Cl^-、Br^-、I^-的还原性比较

用所给试剂设计实验，验证卤素单质的氧化性和卤离子的还原性强弱顺序。

根据实验现象写出反应的化学方程式，查出有关的标准电极电势，说明卤素单质的氧化性顺序和卤离子的还原性顺序。

2. 卤素含氧酸盐的性质

(1) 次氯酸钠的氧化性。

取氯水 10mL，加入 2mol · L^{-1}NaOH 溶液 2 ~4 滴（用 pH 试纸检验溶液刚到碱性为止），将溶液一分为四。

第一支试管中加入 5 滴 0.1mol · L^{-1}KI 溶液，再滴加 2 滴淀粉溶液和 2 滴 1mol · L^{-1}的 H_2SO_4 溶液。

第二支试管加入 4 ~5 滴 0.2mol · L^{-1}的 $MnSO_4$ 溶液。

第三支试管加入 4 ~5 滴浓盐酸。

第四支试管加入 2 滴品红溶液。

观察以上实验现象，写出有关反应的化学方程式。

(2) 氯酸钾的氧化性。

在试管中加入少量 $KClO_3$ 晶体，用少量去离子水溶解为饱和溶液，加入 10 滴 0.2mol · L^{-1} KI 溶液，把溶液分成两份，一份用 1.0mol · L^{-1} H_2SO_4 酸化，一份留作对照。稍等片刻，观察有何变化。试比较氯酸盐在中性和酸性溶液中的氧化性。

3. 硫的化合物的性质

(1) 硫化物的溶解性。

取 3 支离心试管，分别加入 0.2mol · L^{-1} $MnSO_4$、0.2mol · L^{-1} $Pb(NO_3)_2$、0.2mol · L^{-1} $CuSO_4$ 溶液各 0.5mL，然后各滴加 0.2mol · L^{-1} Na_2S 溶液，观察现象。离心分离，弃去溶液，洗涤沉淀。试验这些沉淀在 0.2mol · L^{-1} 盐酸、浓盐酸、浓硝酸中的溶解情况。

根据实验结果，对金属硫化物的溶解情况作出结论，写出有关反应的化学方程式。

（2）亚硫酸盐的性质。

往试管中加入 2mL 0.5mol · L^{-1} Na_2SO_3 溶液，用 3mol · L^{-1} H_2SO_4 酸化后，观察有无气体产生。用润湿的 pH 试纸移近管口，有何现象？然后向溶液中滴加 0.5mol · L^{-1} $K_2Cr_2O_7$ 溶液，观察现象，说明亚硫酸盐具有什么性质？写出有关的反应化学方程式。

（3）硫代硫酸盐的性质。

用氯水、碘水、0.5mol · L^{-1} $Na_2S_2O_3$、3mol · L^{-1} H_2SO_4、0.2mol · L^{-1} $AgNO_3$，设计实验验证：

（a）$Na_2S_2O_3$ 在酸中的不稳定性。

（b）$Na_2S_2O_3$ 的还原性和氧化剂强弱对 $Na_2S_2O_3$ 还原产物的影响。

（c）$Na_2S_2O_3$ 的配位性。

由以上实验总结硫代硫酸盐的性质，写出反应的化学方程式。

（4）过二硫酸盐的氧化性。

在试管中加入 3mL 1mol · L^{-1} H_2SO_4 溶液、3mL 蒸馏水、3 滴 0.002mol · L^{-1} $MnSO_4$ 溶液，混合均匀后分为一分为二。

在第一支试管中加入少量 $K_2S_2O_8$ 固体。第二支试管中加入 2 ~ 4 滴 0.2mol · L^{-1} $AgNO_3$ 溶液和少量 $K_2S_2O_8$ 固体。将两支试管同时放入同一只热水浴中加热，溶液的颜色有何变化？写出反应的化学方程式。

比较以上实验结果并解释之。

4. H_2O_2 的性质

（1）H_2O_2 的鉴定反应。

在试管中加入 2mL 3% H_2O_2 溶液、0.5mL 乙醚、1mL 1mol · L^{-1} H_2SO_4 和 3 ~ 4 滴 0.5mol · L^{-1} 的 $K_2Cr_2O_7$ 溶液，振荡试管，观察溶液和乙醚层的颜色有何变化。

（2）设计实验。

用 3% H_2O_2、0.2mol · L^{-1} $Pb(NO_3)_2$、0.2mol · L^{-1} $KMnO_4$、3mol ·

$L^{-1}H_2SO_4$、0.2mol·$L^{-1}KI$、MnO_2（s）设计一组实验，验证 H_2O_2 的分解和氧化还原性。

【思考题】

（1）Cl_2 能氧化 I^- 至 I_2，而 I_2 能还原 ClO_3^- 为 Cl_2，两者有无矛盾？

（2）向 $AgNO_3$ 溶液中逐渐滴入 $Na_2S_2O_3$ 至过量，有何现象？产物分别是什么？

（3）$K_2S_2O_8$ 氧化 Mn^{2+} 时，为何要加入 $AgNO_3$？

（4）H_2O_2 既有氧化性，又有还原性，介质的酸碱性对其性质有何影响？

实验五 d 区元素（铬、锰）

【实验目的】

1. 掌握 Cr(Ⅲ) 与 Cr(Ⅵ) 重要化合物的性质及相互转化条件。

2. 掌握 Mn(Ⅱ)、Mn(Ⅳ)、Mn(Ⅵ)、Mn(Ⅶ) 重要化合物的性质。

【实验原理】

铬为周期表中ⅥB 族元素，最常见的是 +3 和 +6 氧化态的化合物。

向铬（Ⅲ）盐溶液中加碱可以沉淀出绿色的 $Cr(OH)_3$ 沉淀。这是一种两性氢氧化物，既溶于酸也溶于碱。

$$Cr^{3+} + 3OH^- \rightleftharpoons Cr(OH)_3 \rightleftharpoons H^+ + CrO_2^- + H_2O$$

在碱性溶液中，CrO_2^- 还原性较强，可被 H_2O_2、Cl_2、Br_2 等氧化成黄色的铬酸盐。

$$2CrO_2^- + 3H_2O_2 + 2OH^- = 2CrO_4^{2-} + 4H_2O$$

常见 +6 氧化态的铬化合物是铬酸盐和重铬酸盐，重铬酸盐在酸性溶液中是强氧化剂。铬酸盐和重铬酸盐的水溶液中存在着下列平衡：

$$2CrO_4^{2-} + 2H^+ \rightleftharpoons Cr_2O_7^{2-} + H_2O$$

除了加酸、加碱可使上述平衡发生移动外，向 $Cr_2O_7^{2-}$ 溶液中加入 Ba^{2+}、Ag^+、Pb^{2+} 离子时，根据平衡移动规则，可得到铬酸盐沉淀。

$$2Ba^{2+} + Cr_2O_7^{2-} + H_2O = 2H^+ + 2BaCrO_4\downarrow\text{（柠檬黄色）}$$

$$4Ag^+ + Cr_2O_7^{2-} + H_2O = 2H^+ + 2Ag_2CrO_4\downarrow\text{（砖红色）}$$

$$2Pb^{2+} + Cr_2O_7^{2-} + H_2O = 2H^+ + 2PbCrO_4\downarrow\text{（黄色）}$$

锰为周期表ⅦB 族元素，最常见的是 +2、+4、+7 氧化态的化合物。

在碱性溶液中，Mn^{2+}离子易被空气中的氧所氧化。在锰（Ⅱ）溶液中，加入强碱，可得到白色的 $Mn(OH)_2$ 沉淀。它在碱性介质中很不稳定，与空气接触即被氧化成棕色的 $MnO(OH)_2$ 沉淀。把 Mn^{2+}离子氧化成 MnO_4^- 离子较困难，只有少数极强的氧化剂如过硫酸铵、铋酸钠等在酸性溶液中可以进行反应。这些反应是 Mn^{2+} 的特征反应，常利用紫红色 MnO_4^- 离子的出现来检验溶液中微量 Mn^{2+}离子的存在。

$$2Mn^{2+} + 5S_2O_8^{2-} + 8H_2O \xrightarrow[\triangle]{Ag^+} 10SO_4^{2-} + 2MnO_4^- + 16H^+$$

$$2Mn^{2+} + 5BiO_3^- + 14H^+ = 2MnO_4^- + 5Bi^{3+} + 7H_2O$$

$KMnO_4$ 是一种很强的氧化剂。在酸性溶液中还原产物为 Mn^{2+}离子；在微酸性、中性和微碱性溶液中，还原产物为褐色 MnO_2 沉淀；在强碱性溶液中，则生成绿色锰酸盐。

$$2MnO_4^- + 5SO_3^{2-} + 6H^+ = 2Mn^{2+} + 5SO_4^{2-} + 3H_2O$$

$$2MnO_4^- + 3SO_3^{2-} + H_2O = MnO_2\downarrow + 3SO_4^{2-} + 2OH^-$$

$$2MnO_4^- + SO_3^{2-} + 2OH^- = 2MnO_4^{2-} + SO_4^{2-} + H_2O$$

$KMnO_4$ 在酸性溶液中可缓慢分解，光对分解有催化作用，在中性或弱碱性溶液中，这种分解速度较慢。

$$4MnO_4^- + 4H^+ = 4MnO_2\downarrow + 3O_2\uparrow + 2H_2O$$

【实验仪器与试剂】

仪器：恒温水浴锅，试管，试管架，量筒，烧杯，酒精灯。

试剂：MnO_2（s），$NaBiO_3$（s），$Cr_2(SO_4)_3$（$0.10mol\cdot L^{-1}$），$NaOH$（$0.2mol\cdot L^{-1}$、$2.0mol\cdot L^{-1}$、$6.0mol\cdot L^{-1}$），H_2O_2（3%），$K_2Cr_2O_7$（$0.10mol\cdot L^{-1}$），H_2SO_4（$2.0mol\cdot L^{-1}$，浓），$NaNO_2$（$0.10mol\cdot L^{-1}$），$AgNO_3$（$0.10mol\cdot L^{-1}$），$Pb(NO_3)_2$（$0.10mol\cdot L^{-1}$），$BaCl_2$（$0.10mol\cdot L^{-1}$），$MnSO_4$（$0.20mol\cdot L^{-1}$），HNO_3（$6.0mol\cdot L^{-1}$），Na_2SO_3（$0.10mol\cdot L^{-1}$），$KMnO_4$（$0.1mol\cdot L^{-1}$），NH_4Cl（$2.0mol\cdot L^{-1}$）。

【实验内容】

1. 铬的重要化合物性质

（1）氢氧化铬的生成和性质。

取 $0.10mol\cdot L^{-1}$ $Cr_2(SO_4)_3$ 溶液 0.5mL 于试管中，逐滴加入 $2.0mol\cdot L^{-1}$ NaOH 溶液直至生成沉淀。观察实验现象，并设计实验证明此沉淀具有酸碱两性的性质，记录沉淀溶解后溶液的颜色，写出有关反应的化学方程式。

（2）铬（Ⅲ）化合物的还原性。

取0.10mol·L^{-1} $Cr_2(SO_4)_3$ 溶液0.5mL于试管中，滴入6.0mol·L^{-1} NaOH溶液直至生成的沉淀又溶解为止。然后滴入 H_2O_2（3%）溶液1.0mL，在水浴中加热，观察颜色的变化，写出有关反应的化学方程式。

（3）铬（Ⅵ）化合物的氧化性。

取0.10mol·L^{-1} $K_2Cr_2O_7$ 溶液0.5mL于试管中，滴入2.0mol·L^{-1} H_2SO_4 酸化。然后逐滴加入0.10mol·L^{-1} $NaNO_2$ 溶液，观察溶液颜色的变化，写出反应的化学方程式。

（4）铬酸根离子与重铬酸根离子在溶液中的平衡与转化。

取0.10mol·L^{-1} $K_2Cr_2O_7$ 溶液1.0mL于试管中，滴入2.0mol·L^{-1} NaOH使呈碱性，观察溶液颜色有何变化，再加入2.0mol·L^{-1} H_2SO_4 使溶液呈酸性，溶液颜色又有何变化？写出反应的化学方程式。

（5）铬酸盐的生成。

往三支试管中分别加入10滴0.1mol·L^{-1} $K_2Cr_2O_7$ 溶液，再分别滴加0.10mol·L^{-1} $AgNO_3$、0.10mol·L^{-1} $BaCl_2$ 和0.10mol·L^{-1} $Pb(NO_3)_2$ 溶液，观察沉淀颜色，写出反应的化学方程式。

2. 锰的重要化合物性质

（1）氢氧化锰（Ⅱ）的生成和性质。

取10mL 0.2mol·L^{-1} $MnSO_4$ 溶液分成四份：

第一份中滴加0.2mol·L^{-1} NaOH溶液，观察沉淀的颜色。振荡试管，有何变化？

第二份中滴加0.2mol·L^{-1} NaOH溶液，产生沉淀后加入过量的NaOH，沉淀是否溶解？

第三份中滴加0.2mol·L^{-1} NaOH溶液，产生沉淀后迅速加入2mol·L^{-1} HCl溶液，有何现象发生？

第四份中滴加0.2mol·L^{-1} NaOH溶液，产生沉淀后迅速加入2mol·L^{-1} NH_4Cl 溶液，沉淀是否溶解？

写出上述有关反应的化学方程式。此实验说明氢氧化锰具有哪些性质？

（2）锰（Ⅱ）的还原性。

取10滴0.20mol·L^{-1} $MnSO_4$ 溶液于试管中，加入5滴2mol·L^{-1} H_2SO_4，再加入少量 $NaBiO_3$ 固体，微热，观察溶液颜色变化，写出反应的化学方程式。此法可用于鉴定 Mn^{2+}。

（3）二氧化锰的生成和性质。

①往盛有少量 0.1mol·L^{-1} $KMnO_4$ 溶液中逐滴滴入 0.2mol·L^{-1} $MnSO_4$，观察沉淀的颜色，往沉淀中加入10滴 2mol·L^{-1} H_2SO_4，再逐滴加入 0.1mol·L^{-1} Na_2SO_3 溶液，沉淀是否溶解？写出有关反应的化学方程式。

②在盛有少量（米粒大小）MnO_2 固体的试管中，加入2.0ml浓硫酸，加热，观察反应前后体系的颜色和状态的变化。有何气体产生？写出反应的化学方程式。

（4）高锰酸钾的氧化性。

在三支试管中各加入 0.10mol·L^{-1} Na_2SO_3 溶液 1.0mL，然后分别加入 2.0mol·L^{-1} H_2SO_4、6.0mol·L^{-1} NaOH 和蒸馏水各 1.0mL，再各滴入 0.1mol·L^{-1} $KMnO_4$ 溶液2滴，观察各试管中的现象，比较 $KMnO_4$ 溶液在不同酸碱性介质中的还原产物，写出有关反应的化学方程式。

【思考题】

（1）试总结 $Cr_2O_7^{2-}$ 和 CrO_4^{2-} 相互转化的条件及它们形成盐的溶解性大小？

（2）酸性溶液中，$K_2Cr_2O_7$ 分别与 $FeSO_4$ 和 Na_2SO_3 反应的主要产物是什么？

（3）铬酸洗液如何配制？为什么铬酸洗液使用一段时间后就失效？

（4）$Mn(OH)_2$ 沉淀是白色的，为什么在空气中逐渐变为棕色？写出有关反应的化学方程式。

实验六 d区元素（铁、钴、镍）

【实验目的】

1. 掌握二价铁、钴、镍的还原性和三价铁、钴、镍的氧化性。

2. 掌握铁、钴、镍配合物的生成及性质。

【实验原理】

铁、钴、镍是元素周期表Ⅷ族元素，统称为铁系元素，常见氧化态为+2、+3。

铁、钴、镍的+2价氢氧化物显碱性，它们有不同的颜色，$Fe(OH)_2$

呈白色，$Co(OH)_2$ 呈粉红色，$Ni(OH)_2$ 呈苹果绿色。它们被 O_2、H_2O_2 等氧化剂氧化的情况按 $Fe(OH)_2$、$Co(OH)_2$、$Ni(OH)_2$ 的顺序由易到难，如空气中的氧可使 $Fe(OH)_2$ 迅速转变成棕红色的 $Fe(OH)_3$，$Co(OH)_2$ 则缓慢地被氧化成褐色的 $Co(OH)_3$，$Ni(OH)_2$ 与氧则不起作用。

$$4Fe(OH)_2 + O_2 + 2H_2O \xlongequal{} 4Fe(OH)_3$$

铁、钴、镍都能生成不溶于水的 +3 价氧化物和相应的氢氧化物，$Fe(OH)_3$ 和酸生成 +3 价的铁盐，而 $Co(OH)_3$ 和 $Ni(OH)_3$ 与盐酸反应时，不能生成相应的 +3 价盐，因为它们的 +3 价盐极不稳定，很易分解成为 +2 价盐并放出氯气，显示出强氧化性。

$$2M(OH)_3 + 6HCl(浓) \xlongequal{} 2MCl_2 + Cl_2 + 6H_2O \quad (M 为 Ni、Co)$$

+2 价和 +3 价的铁盐在溶液中易水解。+2 价铁离子是还原剂，而 +3 价铁离子是弱的氧化剂。铁、钴、镍的盐大部分是有颜色的。在水溶液中，Fe^{2+} 呈浅绿色，Co^{2+} 呈粉红色，Ni^{2+} 呈亮绿色。

铁系元素是很好的配合物的形成体，能形成多种配合物，常见的有氨的配合物，Fe^{2+}、Co^{2+}、Ni^{2+} 离子与 NH_3 能形成配离子，它们的稳定性依次递增。

因 Fe^{3+}、Fe^{2+} 与 OH^- 离子结合能力较强，它们难以在氨水中形成稳定的氨合离子，而是生成氢氧化物沉淀。

$$[Fe(NH_3)_6]^{2+} + 6H_2O \xlongequal{} Fe(OH)_2\downarrow + 4NH_3 \cdot H_2O + 2NH_4^+$$

将过量的氨水加入 Co^{2+} 离子水溶液中，即生成可溶性的氨合配离子 $[Co(NH_3)_6]^{2+}$ 和 $[Co(NH_3)_4]^{2+}$。不过 $[Co(NH_3)_6]^{2+}$ 不稳定，空气中的氧就能把 $[Co(NH_3)_6]^{2+}$ 氧化成 $[Co(NH_3)_6]^{3+}$。

$$Co^{2+} + 6NH_3 \cdot H_2O \xlongequal{} [Co(NH_3)_6]^{2+} + 6H_2O$$

$$4[Co(NH_3)_6]^{2+} + O_2 + 2H_2O \xlongequal{} 4[Co(NH_3)_6]^{3+} + 4OH^-$$

Ni^{2+} 与过量氨水反应，生成浅蓝色 $[Ni(NH_3)_6]^{2+}$ 配离子。

$$Ni^{2+} + 6NH_3 \cdot H_2O \xlongequal{} [Ni(NH_3)_6]^{2+} + 6H_2O$$

铁系元素还有一些配合物，不仅很稳定，而且具有特殊颜色，利用铁系元素所形成化合物的特征颜色可鉴定 Fe^{2+}、Fe^{3+}、Co^{2+} 和 Ni^{2+} 离子。例如无色 $[FeF_6]^{3-}$ 的形成可以“掩蔽” Fe^{3+} 离子，避免形成 $Fe(OH)_3$ 沉淀或棕红色离子 $[Fe(OH)n]^{3-n}$ 的干扰；血红色 $[Fe(SCN)n]^{3-n}$ 的形成可用于鉴定 Fe^{3+} 离子；Fe^{3+} 与黄血盐（$K_4[Fe(CN)_6]$）作用生成深蓝色的普鲁士蓝沉淀；Fe^{2+} 离子与赤血盐（$K_3[Fe(CN)_6]$）作用生成深蓝色的藤氏兰沉淀。蓝色 $[Co(SCN)_4]^{2-}$ 的形成可用于鉴定 Co^{2+} 离子；鉴定 Ni^{2+} 则利用配合物丁二酮肟镍鲜红色沉淀的形成。

$$3[Fe(CN)_6]^{4-} + 4Fe^{3+} \rightarrow Fe_4[Fe(CN)_6]_3\downarrow\text{（深蓝色）}$$

$$2[Fe(CN)_6]^{3-} + 3Fe^{2+} \rightarrow Fe_4[Fe(CN)_6]_2\downarrow\text{（深蓝色）}$$

$$Co^{2+} + 4SCN^- \rightarrow [Co(SCN)_4]^{2-}\text{（丙酮中显蓝色）}$$

$$Ni^{2+} + 2\begin{array}{c}CH_3\text{—}C\text{=}NOH\\ |\\ CH_3\text{—}C\text{=}NOH\end{array} + 2NH_3 = \left[Ni\left(\begin{array}{c}CH_3\text{—}C\text{=}NOH\\ |\\ CH_3\text{—}C\text{=}NO\end{array}\right)_2\right]\downarrow\text{（红色）} + 2NH_4^+$$

【实验仪器与试剂】

仪器：试管，量筒，烧杯，酒精灯。

试剂：$(NH_4)_2Fe(SO_4)_2\cdot 6H_2O$（s），KSCN（s），$NH_4Cl$（s），$(NH_4)_2Fe(SO_4)_2$（$2.0mol\cdot L^{-1}$），$H_2SO_4$（$2.0mol\cdot L^{-1}$，$6.0mol\cdot L^{-1}$），NaOH（$2.0mol\cdot L^{-1}$，$6.0mol\cdot L^{-1}$），HCl（浓），$CoCl_2$（$0.20mol\cdot L^{-1}$），$NiSO_4$（$0.20mol\cdot L^{-1}$），$FeCl_3$（$0.20mol\cdot L^{-1}$），KI（$0.20mol\cdot L^{-1}$），$CCl_4$（l），$K_3[Fe(CN)_6]$（$0.50mol\cdot L^{-1}$），$K_4[Fe(CN)_6]$（$0.50mol\cdot L^{-1}$），KSCN（$0.50mol\cdot L^{-1}$），氯水，丙酮，浓氨水，1% 丁二酮肟，淀粉碘化钾试纸。

【实验内容】

1. 二价铁、钴、镍化合物的还原性

（1）二价铁的还原性：往盛有 1.0ml 氯水的试管中加入 2 滴 $6.0mol\cdot L^{-1}H_2SO_4$ 溶液，然后滴加 $2.0mol\cdot L^{-1}(NH_4)_2Fe(SO_4)_2$ 溶液，观察现象，写出反应的化学方程式（如现象不明显，可加 1 滴 KSCN 溶液，出现红色，证明有 Fe^{3+} 生成）。

（2）氢氧化亚铁的生成和还原性：在一支试管中加入 1.0ml 蒸馏水，再加 2 滴 $2.0mol\cdot L^{-1}H_2SO_4$ 煮沸（除去空气），冷却后加入少量硫酸亚铁铵晶体，振摇使其完全溶解（溶液表面若加 3～4 滴油以隔绝空气，效果更好）；取另一支试管，加入 $6.0mol\cdot L^{-1}$ NaOH 溶液 1.0ml，煮沸冷却（为什么），用长滴管吸取此 NaOH 溶液，插入前一试管的底部，慢慢滴加 NaOH 溶液（注意整个过程应避免空气进入），观察 $Fe(OH)_2$ 沉淀的生成和颜色，振荡后静置，观察沉淀颜色的变化，写出反应的化学方程式，反应液留待下面的实验用。

（3）钴（Ⅱ）、镍（Ⅱ）化合物的还原性：

①往盛有 $CoCl_2$ 溶液的试管中注入氯水，观察有何变化。

②在盛有 0.5mL 0.20mol · L^{-1} $CoCl_2$ 溶液的试管中滴入 2.0mol · L^{-1} NaOH 溶液，观察沉淀的生成。将所得沉淀分为两份，第一份置于空气中，第二份加入氯水，观察有何变化，第二份留作下面实验用。

③用 $NiSO_4$ 溶液代替 $CoCl_2$ 溶液，重复①②的实验，比较两者有何不同？

2. 三价铁、钴、镍的氧化性

（1）在上面实验保留下来的铁、钴、镍的氢氧化物沉淀里，各加入5滴浓盐酸，振荡后用淀粉碘化钾试纸检验所放出的气体，写出有关反应的化学方程式。

（2）在试管中加入 10 滴 0.20mol · L^{-1} $FeCl_3$ 溶液和 5 滴 0.20mol · L^{-1}KI 溶液，再加入 2.0ml CCl_4 剧烈振荡后，观察 CCl_4 层的颜色，写出反应的化学方程式。

3. 配合物的生成及 Fe^{2+}、Fe^{3+}、Co^{2+} 离子的鉴定

（1）铁的配合物：在试管中加入 1.0ml 蒸馏水，再加入少量硫酸亚铁铵晶体，溶解后加 0.50mol · $L^{-1}$$K_3[Fe(CN)_6]$ 溶液 2 滴，观察现象，写出反应的化学方程式。该反应是鉴定 Fe^{2+} 离子的特征反应。

在两支试管中，各加入 1.0ml 蒸馏水，4 滴 0.20mol · $L^{-1}$$FeCl_3$ 溶液和2滴 2.0mol · L^{-1}硫酸，然后在一支试管中加入 0.50mol · L^{-1} $K_4[Fe(CN)_6]$ 溶液 2 滴，在另一支试管中加入 0.50mol · L^{-1}KSCN 溶液 2 滴，振摇后，观察现象，分别写出反应的化学方程式。

取 0.50mol · L^{-1} $K_3[Fe(CN)_6]$ 溶液 10 滴于试管中，滴加 2.0mol · L^{-1}NaOH 溶液数滴，是否有 $Fe(OH)_3$ 沉淀产生？为什么？

（2）钴的配合物：取 0.20mol · $L^{-1}$$CoCl_2$ 溶液 2.0ml 于试管中，小心加入少量的固体 KSCN（不振摇），观察固体周围的颜色，再加入 1.0ml 丙酮振摇，观察水相和有机相的颜色，这个反应可用来鉴定 Co^{2+} 离子。

取 0.20mol · $L^{-1}$$CoCl_2$ 溶液 2.0ml 于试管中，加入少量固体 NH_4Cl 振荡溶解。然后逐滴加入浓氨水，至生成的沉淀刚好溶解为止，静置一段时间，观察溶液颜色有何变化，写出反应的化学方程式。

（3）镍的配合物：取 0.20mol · $L^{-1}$$NiSO_4$ 溶液 10ml 于试管中，逐滴加入浓氨水，观察现象，写出反应的化学方程式。把溶液分成四份：一份加 2mol · L^{-1}NaOH 溶液，一份加 2mol · $L^{-1}$$H_2SO_4$ 溶液，一份煮沸，一份逐滴加入丁二酮肟试剂，观察有何变化。

【思考题】

(1) 向 Cr^{3+}、Mn^{2+}、Fe^{2+}、Fe^{3+}、Co^{2+}、Ni^{2+} 离子的溶液中，加入适量或过量的 NaOH 溶液各产生什么现象？那些产物在空气中静置后会发生变化？

(2) 有四瓶溶液分别是 $Cr_2(SO_4)_3$、$MnSO_4$、$FeCl_3$、$FeSO_4$。它们在外观上有何区别？试选用实验中较灵敏的反应来鉴别它们。

(3) 在 $Co(OH)_3$ 中加浓盐酸，会生成蓝色的溶液，加水稀释后变为粉红色，试解释之？

(4) 稀 $FeCl_3$ 溶液为黄色，当它遇到什么物质时，可以呈现出血红色、浅绿色、蓝色，说出各物质的名称。试根据以上各物质设计出一幅供化学晚会用的“白纸显画”图。

(5) 在碱性介质中，氯水（或溴水）能把二价钴氧化成三价钴，而在酸性介质中，三价钴又能把 Cl^- 氧化成 Cl_2，二者有无矛盾？为什么？

实验七　ds 区元素（铜、银、锌、镉、汞）

【实验目的】

1. 掌握铜、银、锌、镉、汞的氢氧化物和氧化物的酸碱性、硫化物的溶解性。

2. 掌握 Cu（I）、Cu（Ⅱ）重要化合物的性质及相互转化的条件。

3. 熟悉铜、银、锌、汞的配位能力及常见配合物的性质。

4. 熟悉 Hg（I）、Hg（Ⅱ）的相互转化。

【实验原理】

Cu、Ag、Zn、Cd、Hg 属于 ds 区元素，Cu、Ag 为ⅠB 族元素，Zn、Cd、Hg 属于ⅡB 族元素。价电子层结构的通式为 $(n-1)d^{10}ns^{1\sim2}$，所以它们的许多元素性质与 d 区元素相似。与相应的主族ⅠA 和ⅡA 族元素比较，除了均可形成氧化数为 +1 和 +2 的化合物外，性质上更多的呈现较大的差异性。其最大特点是它们的离子属 18 电子构型，具有较强的极化作用和变形性，易于形成配合物。

1. 铜、银、锌、镉、汞氢氧化物或氧化物的生成和性质

$Cu(OH)_2$ 以碱性为主，溶于酸，但它又有微弱的酸性，可溶于过量

的浓碱溶液。

$$Cu(OH)_2 + 2OH^- = [Cu(OH)_4]^{2-}$$

$Zn(OH)_2$ 为两性物质，与强酸作用生成锌盐，与强碱作用得到四羟基合锌酸盐。

$Cd(OH)_2$ 两性偏碱，只有在热、浓的强碱中才能溶解生成 $Na[Cd(OH)_4]$。

AgOH 是碱性氢氧化物，很不稳定，只有在 -45℃下才能存在。常温下 Ag^+ 离子与 NaOH 反应只能生成褐色的 Ag_2O。

汞（Ⅱ）的氢氧化物极易脱水而转变成黄色 HgO，HgO 不溶于过量碱中。

2. 铜、银、锌、镉、汞硫化物的生成和性质

铜、银、锌、镉、汞的硫化物是具有特征颜色的难溶物。CuS（黑色）、Ag_2S（黑色）、ZnS（白色）、CdS（黄色）、HgS（黑色）。其溶度积常数 K_{sp} 依次为 4.0×10^{-38}、2.0×10^{-49}、1.2×10^{-23}、8.0×10^{-27}、4.0×10^{-53}。

3. 铜、银、锌、镉、汞的配合物

Cu^{2+}、Ag^+、Zn^{2+}、Cd^{2+}、Hg^{2+} 均能与 NH_3 形成配合物。Hg^{2+} 离子的另一重要配合物是 $[HgI_4]^{2-}$ 离子。在 Hg^{2+} 离子溶液中加入适量 KI 溶液，生成红色的 HgI_2 沉淀，该沉淀溶于过量的 KI 溶液，生成无色的 $[HgI_4]^{2-}$ 离子。

$$Hg^{2+} + 2I^- = HgI_2 \downarrow$$

$$HgI_2 + 4I^- = [HgI_4]^{2-}$$

4. 铜、银和汞的氧化还原性

Cu^{2+} 离子具有一定的氧化性，与还原性较强的 I^- 离子反应生成 CuI 和 I_2。

$$2Cu^{2+} + 4I^- = 2CuI \downarrow (\text{白色}) + I_2$$

在较浓的盐酸中，Cu^{2+} 离子与金属铜反应生成 $[CuCl_2]^-$ 离子。在此反应中，Cu 是还原剂，

$$Cu^{2+} + Cu + 4Cl^- = 2[CuCl_2]^- (\text{黄色})$$

在碱性溶液中，Cu^{2+} 离子能氧化醛或糖类，生成暗红色的氧化亚铜 Cu_2O：

$$2[Cu(OH)_4]^{2-} + \underset{(\text{葡萄糖})}{C_6H_{12}O_6} \xrightarrow{\triangle} Cu_2O \downarrow (\text{暗红色}) + \underset{(\text{葡萄糖酸根})}{C_6H_{11}O_7^-} + 3OH^- + 3H_2O$$

Ag^+离子的氧化性较强，$[Ag(NH_3)_2]^+$可将醛或糖类氧化，本身被还原成金属银：

$$2[Ag(NH_3)_2]^+ + HCHO + 3OH^- \longrightarrow HCOO^- + 2Ag\downarrow + 4NH_3 + 2H_2O$$

Cu^+离子在水溶液中不稳定，可自发歧化，生成Cu^{2+}离子和Cu：

$$2Cu^+ \rightleftharpoons Cu^{2+} + Cu\downarrow \quad K = 1.4\times10^6$$

所以Cu(Ⅰ)只能存在于稳定的配合物和固体化合物之中，例如$[CuCl_2]^-$、$[Cu(NH_3)_2]^+$和CuI、Cu_2O。

Hg_2^{2+} 离子能够稳定地存在于水溶液中。

$$Hg + Hg^{2+} \rightleftharpoons Hg_2^{2+} \quad K = 87.7$$

由于上述平衡的正向趋势并不很大，当加入Hg(Ⅱ)的沉淀剂（如碱、硫化物等）或强配位剂（如CN^-离子等）时，都会促使Hg_2^{2+}离子歧化，最终产物为Hg和相应的Hg(Ⅱ)的稳定难溶盐或配合物，例如HgS、HgO、$HgNH_2Cl$和$[Hg(CN)_4]^{2-}$等。

【实验仪器与试剂】

仪器：试管，烧杯，量筒，离心试管，离心机。

试剂：KI（s），铜屑，NaOH（$2mol\cdot L^{-1}$（新配、$14mol\cdot L^{-1}$），氨水（$2mol\cdot L^{-1}$、浓），H_2SO_4（$2mol\cdot L^{-1}$），HNO_3（$2mol\cdot L^{-1}$、浓），HCl（$2mol\cdot L^{-1}$、浓），$CuSO_4$（$0.2mol\cdot L^{-1}$），$CuCl_2$（$0.5mol\cdot L^{-1}$），$AgNO_3$（$0.1mol\cdot L^{-1}$，$0.2mol\cdot L^{-1}$），KI（$0.2mol\cdot L^{-1}$），$Na_2S_2O_3$（$0.5mol\cdot L^{-1}$），KSCN（$0.1mol\cdot L^{-1}$），$ZnSO_4$（$0.2mol\cdot L^{-1}$），$CdSO_4$（$0.2mol\cdot L^{-1}$），Hg$(NO_3)_2$（$0.2mol\cdot L^{-1}$），$HgCl_2$（$0.2mol\cdot L^{-1}$），$SnCl_2$（$0.2mol\cdot L^{-1}$），NaCl（$0.2mol\cdot L^{-1}$），Na_2S（$1mol\cdot L^{-1}$），金属汞，葡萄糖溶液（10%）。

【实验内容】

1. 铜、银、锌、镉、汞氢氧化物或氧化物的生成和性质

（1）铜、锌、镉氢氧化物的生成和性质。

向三支试管中分别加入0.5mL $0.2mol\cdot L^{-1}$ $CuSO_4$、$ZnSO_4$、$CdSO_4$溶液，滴加新配制的$2mol\cdot L^{-1}$ NaOH溶液，观察溶液的颜色和状态。将生成的沉淀和溶液摇荡均匀后分为两份，一份滴加$2mol\cdot L^{-1}$ H_2SO_4溶液，第二份滴入过量的$14mol\cdot L^{-1}$ NaOH溶液，观察现象，写出反应的化学方程式。

（2）银、汞氧化物的生成和性质。

①氧化银的生成和性质。

取10滴0.1mol·L^{-1} $AgNO_3$ 溶液，慢慢滴加新配制的2mol·L^{-1} NaOH溶液，振荡，观察 Ag_2O（为什么不是 AgOH）的颜色和状态。洗涤并离心分离沉淀，将沉淀分成两份，分别与2mol·L^{-1} HNO_3 溶液和2mol·L^{-1}氨水反应，观察现象，并写出反应的化学方程式。

②氧化汞的生成和性质。

取0.5mL 0.2mol·L^{-1} $Hg(NO_3)_2$ 溶液，慢慢滴入新配制的2mol·L^{-1} NaOH溶液，振荡，观察溶液的颜色和状态。将沉淀分成两份，分别与2mol·L^{-1} HNO_3 和14mol·L^{-1} NaOH溶液反应，观察现象，并写出反应的化学方程式.

2. 铜、银、锌、镉、汞硫化物的生成和性质

往5支分别盛有0.5mL 0.2mol·L^{-1} $Ag(NO_3)_2$、$CuSO_4$、$ZnSO_4$、$CdSO_4$ 和 $Hg(NO_3)_2$ 溶液的试管中，分别滴入1mol·L^{-1} Na_2S 溶液，观察沉淀的生成和颜色。

将沉淀离心分离、洗涤，然后将每种沉淀分成三份：一份加入2mol·L^{-1}盐酸，另一份加入浓盐酸，再一份加入王水（自配，HCl：HNO_3 =3：1），水浴加热，观察沉淀溶解情况。

根据实验现象并查阅有关资料，对铜、银、锌、镉、汞硫化物的溶解情况作出结论。写出反应的化学方程式。

3. 铜、银、锌、镉、汞的配合物

（1）与氨水的作用。

往四支分别盛有0.5mL 0.2mol·L^{-1} $CuSO_4$、$AgNO_3$、$ZnSO_4$、$CdSO_4$、$Hg(NO_3)_2$ 溶液的试管中，分别滴入2mol·L^{-1}氨水，观察沉淀的生成。继续加入过量的2mol·L^{-1}氨水，又有何现象发生？写出反应的化学方程式。比较 Cu^{2+}、Ag^{+}、Zn^{+}、Cd^{2+}、Hg^{2+} 与氨水反应有什么不同。

（2）汞配合物的生成和应用。

①往盛有0.5mL 0.2mol·L^{-1} $Hg(NO_3)_2$ 溶液的试管中，滴入0.2mol·L^{-1} KI，观察沉淀的生成和颜色。再往该沉淀中加入少量KI固体（直至沉淀刚好溶解为止，不要过量），溶液显哪种色？写出反应的化学方程式。

在所得的溶液中，滴入几滴14mol·L^{-1} NaOH，再与氨水反应，观察沉淀的颜色。

②往 5 滴 0.2mol · L^{-1} $Hg(NO_3)_2$ 溶液中，逐滴加入 0.1mol · L^{-1} KSCN 溶液，最初生成白色 $Hg(SCN)_2$ 沉淀，继续滴加 KSCN 溶液，白色沉淀溶解生成无色的 $[Hg(SCN)_4]^{2-}$ 配离子。再在该溶液中加几滴 0.2mol · L^{-1} $ZnSO_4$ 溶液，观察白色 $Zn[Hg(SCN)_4]$ 沉淀的生成（该反应可定性检验 Zn^{2+}），必要时用玻璃棒擦拭管壁。

4. 铜、银、汞的氧化还原性

（1）氧化亚铜的生成和性质。

取 0.5mL 0.2mol · L^{-1} $CuSO_4$ 溶液，逐滴加入过量的 14mol · L^{-1} NaOH 溶液，使开始生成的蓝色沉淀全部溶解成深蓝色溶液。再向此澄清的溶液中加入 lmL 10% 葡萄糖溶液，混匀后微热，观察有何现象？写出反应的化学方程式。

将沉淀离心分离，用蒸馏水洗涤后分成两份：一份加入与 1mL 2mol · L^{-1} H_2SO_4，静置，注意沉淀的变化，然后加热至沸，观察有何现象？另一份沉淀中加入 1mL 浓氨水，振摇后静置 10 分钟，观察溶液的颜色及其变化情况。

（2）氯化亚铜的生成和性质。

取 5.0mL 0.5mol · L^{-1} $CuCl_2$ 溶液，加 2.0mL 浓盐酸和少量铜屑，加热直到溶液变成深棕色为止。取出几滴注入 5.0mL 蒸馏水中，如有白色沉淀产生，则迅速把全部溶液倒入 50mL 蒸馏水中，观察沉淀的生成。等大部分沉淀析出后，静置，倾出上层清液，并用少量蒸馏水洗涤沉淀至无蓝色为止。取出少许 CuCl 沉淀分成两份。一份与浓氨水反应，另一份与浓盐酸反应，观察沉淀是否溶解？写出各反应的化学方程式。

（3）碘化亚铜的生成和性质。

在盛有 0.5mL 0.2mol · L^{-1} 的 $CuSO_4$ 溶液的试管中，边振荡边滴加 0.2mol · L^{-1} 的 KI 溶液，直至溶液变为棕黄色浑浊（CuI 为白色沉淀、I_2 溶于 KI 呈黄色）。再滴入少量 0.5mol · L^{-1} $Na_2S_2O_3$ 溶液（除去反应中生成的碘，$Na_2S_2O_3$ 溶液切勿加过量，否则就会使 CuI 溶解）。观察产物的颜色和状态，写出各反应的化学方程式。

（4）汞（Ⅱ）和汞（Ⅰ）的相互转化。

①Hg^{2+} 的氧化性。

在 5 滴 0.2mol · L^{-1} $Hg(NO_3)_2$ 溶液中，逐渐滴入 0.2mol · L^{-1} $SnCl_2$ 溶液（先适量，后过量）。观察现象，写出反应的化学方程式。

②Hg^{2+}转化为 Hg_2^{2+} 和 Hg_2^{2+} 的歧化反应。

往 0.5mL 0.2mol·$L^{-1}$$Hg(NO_3)_2$ 溶液中，滴入金属汞 1 滴，充分振荡。用滴管把清液转入两支试管中（余下的汞回收!）在一支试管中加入 0.2mol·L^{-1}NaCl 溶液，另一支试管中滴加 2mol·L^{-1} 氨水，观察现象，写出反应的化学方程式。

【注意事项】

（1）王水是浓硝酸和浓盐酸以 1∶3 体积比配制成的混合溶液，具有强烈的腐蚀性，在使用时应尽量戴上橡胶手套和防护眼镜，防止试剂洒在皮肤或衣服上。

（2）汞和汞盐都是剧毒药品，使用时要严格按照操作规程。若不慎将液体汞洒落在实验台或地面上，应迅速用硫磺粉处理。汞盐、重金属离子的废液应经处理后再排放。

（3）凡涉及 Ag 、Hg 的实验，其废液都要倒入指定的回收瓶中。其他实验的废液倒入废液缸内，切忌直接倒入水池内。

【思考题】

（1）$AgNO_3$ 溶液中逐渐滴入 NaOH，有何现象？产物分别是什么？

（2）Cu（Ⅰ）、Cu（Ⅱ）各自稳定存在和相互转化的条件是什么？

（3）在白色氯化亚铜沉淀中加入浓氨水或浓盐酸后溶液呈现的颜色有何差异？为什么？放置一段时间后溶液会变成蓝色，为什么？实验中深棕色溶液是什么物质？加入蒸馏水后会发生什么反应？

（4）使用汞时应注意什么？为什么汞要用水封存？

第 4 章　无机制备实验

实验一　硝酸钾的制备与提纯

【实验目的】

1. 了解利用不同温度时溶解度的差异来制备易溶盐的原理和方法。
2. 学习结晶和重结晶的一般原理和操作方法。
3. 巩固练习溶解、加热、蒸发、减压过滤等操作。

【实验原理】

本实验用 KCl 和 $NaNO_3$ 来制备 KNO_3，其反应方程式为：

$$KCl + NaNO_3 \xlongequal{} NaCl + KNO_3$$

在 KCl 和 $NaNO_3$ 的混合溶液中，同时存在 Na^+、K^+、Cl^- 和 NO_3^- 四种离子。由它们组成的四种盐在不同温度下的溶解度不同，见表 4－1。本实验简单地利用四种盐在不同温度下水中溶解度的差异来分离出 KNO_3 晶体。

表 4－1　　四种盐在不同温度下的溶解度　　单位：g/(100g H_2O)

盐	温度/℃				
	0	20	40	70	100
KNO_3	13.3	31.6	63.9	138.0	246
KCl	27.6	34.0	40.0	48.3	56.7
$NaNO_3$	73.0	88.0	104.0	136.0	180.0
NaCl	35.7	36.0	36.6	37.8	39.8

在 20℃时，除 $NaNO_3$ 以外，其他三种盐的溶解度都差不多，因此不

能使 KNO_3 晶体析出。但是随着温度的升高，NaCl 的溶解度几乎没有多大改变，而 KNO_3 的溶解度却增大得很快，见图 4－1。因此只要把 $NaNO_3$ 和氯化钾的混合溶液加热，在高温时 NaCl 的溶解度小，趁热把它滤去，然后冷却滤液，则 KNO_3 因溶解度急剧下降而析出。

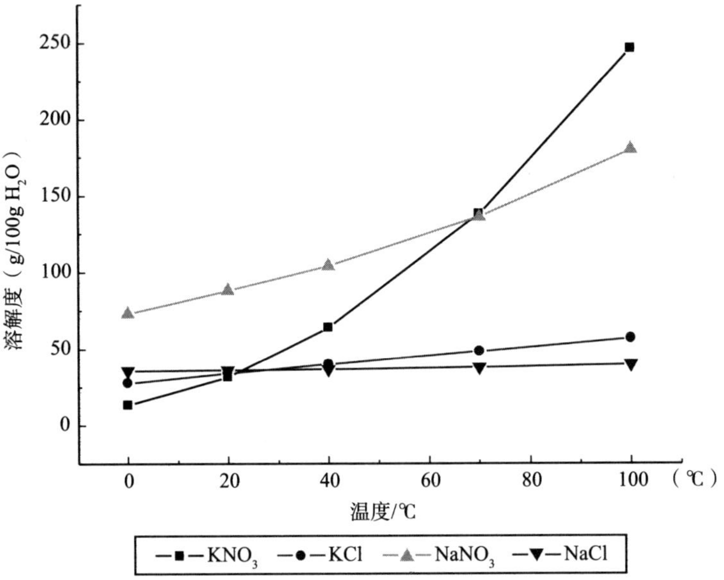

图 4－1　四种盐的温度溶解度曲线

在初次结晶时一般混有一些可溶性杂质，为了进一步除去这些杂质，可采用重结晶方法进行提纯。

【实验仪器与试剂】

仪器：电子天平，真空泵，吸滤瓶，布氏漏斗，烧杯（50、100mL），量筒（100mL），试管，酒精灯，石棉网，玻璃棒，打火机，试管架。

试剂：$NaNO_3$(s)，KCl(s)，KNO_3(饱和)，$AgNO_3$(0.1mol · L^{-1})，称量纸，定性滤纸。

【实验内容】

1. 硝酸钾的制备

在 50mL 烧杯中加入 8.5g $NaNO_3$ 和 7.5g KCl，再加入 20mL 蒸馏水，在烧杯外壁沿液面处作一记号。将烧杯放在石棉网上，用小火加热、搅拌，使其溶解，再继续加热蒸发至原体积的 2/3，这时烧杯内开始有较多晶体析出（什么晶体?）。趁热减压过滤，滤液中很快出现晶体（此时是什么晶体?）。

另取 8mL 热沸的蒸馏水加入吸滤瓶中，使结晶重新溶解，并将溶液转移至烧杯中缓缓加热，蒸发至原有体积的 3/4，静置、冷却（可用冷水浴冷却），待结晶重新析出，再进行减压过滤。用饱和 KNO_3 溶液滴洗两遍，将晶体抽干、称量、计算粗产品的产率。

2. 硝酸钾的提纯

按质量比为 $KNO_3 : H_2O = 2 : 1$ 的比例，将粗产品溶于所需蒸馏水中，加热并搅拌，使溶液刚刚沸腾即停止加热（此时，若晶体尚未溶解完，可加适量蒸馏水使其刚好溶解完）。冷却到室温后，抽滤，并用滴管滴加饱和 KNO_3 溶液 4 ~ 6mL 于晶体的各部位洗涤晶体，抽干、称量，计算产率。

3. 产品纯度的检验

取少许粗产品和重结晶后所得 KNO_3 晶体分别置于两支试管中，用蒸馏水配成溶液，然后各滴入 2 滴 0.1mol · L^{-1} $AgNO_3$ 溶液，观察现象，并作出结论。

【思考题】

（1）产品的主要杂质是什么?

（2）能否将除去 NaCl 后的滤液直接冷却制取 KNO_3?

（3）重结晶时，硝酸钾与水的质量比为 2 : 1 的依据是什么?

（4）查阅 NH_4NO_3 与 KCl 的溶解度随随温度的变化数据，设计出由 NH_4NO_3 与 KCl 为原料制备 KNO_3 的简要方案。

实验二　碳酸钠的制备

【实验目的】

1. 了解工业上制备纯碱（Na_2CO_3）的“联合制碱法”的基本原理。
2. 学会利用各种盐类溶解度的差异使其彼此分离的方法。
3. 了解复分解反应和热分解反应的条件。

【实验原理】

Na_2CO_3 又名苏打，工业上叫纯碱，用途很广。工业上的联合制碱法是将 CO_2 和 NH_3 通入 NaCl 溶液中，先生成 $NaHCO_3$，再在高温下灼烧，

使它失去一部分 CO_2，转化为 Na_2CO_3。

$$NH_3 + CO_2 + H_2O + NaCl = NaHCO_3 + NH_4Cl$$

$$2NaHCO_3 \xrightarrow{\triangle} Na_2CO_3 + CO_2\uparrow + H_2O$$

上述第一个反应，实质上是 NH_4HCO_3 与 NaCl 在水溶液中的复分解反应，因此实验室可直接用 NH_4HCO_3 与粗食盐反应来制备 $NaHCO_3$：

$$NH_4HCO_3 + NaCl = NaHCO_3 + NH_4Cl$$

由于粗食盐中有 Ca^{2+}、Mg^{2+} 等杂质离子，当与 NH_4HCO_3 反应时会生成 $Ca(HCO_3)_2$ 和 $Mg(HCO_3)_2$ 等杂质，它们的溶解度均较小，在产品中一起沉淀，影响产品质量，因此必须进行粗盐精制。粗盐水精制可采用饱和 Na_2CO_3 溶液调节 pH = 10.0，使 Ca^{2+}、Mg^{2+} 生成碱式碳酸镁和碳酸钙沉淀，过滤除去。

NH_4HCO_3、NaCl、$NaHCO_3$ 和 NH_4Cl 同时存在于水溶液中，是一个复杂的四元交互体系。它们在水溶液中的溶解度互相发生影响。不过，根据各纯净盐在不同温度下在水中的溶解度的比较，仍然可以粗略地判断出从反应体系中分离几种盐的最佳条件和适宜的操作步骤。

从表 4-2 可知，温度在 40℃ 时，NH_4HCO_3 已经分解，实际上在 35℃ 时就大量分解了，所以反应温度不能超过 35℃。但温度太低又影响了 NH_4HCO_3 的溶解度，所以反应温度又不宜低于 30℃。另外，在 30～35℃ 温度范围内，$NaHCO_3$ 的溶解度在四种盐中是最低的，所以使研细的固体 NH_4HCO_3 溶于浓的 NaCl 溶液中，在充分的搅拌下就会有 $NaHCO_3$ 晶体析出。$NaHCO_3$ 再高温分解，得到 Na_2CO_3。

表 4-2　　四种盐在不同温度下的溶解度　　单位：g/(100g H_2O)

盐	温度/℃										
	0	10	20	30	40	50	60	70	80	90	100
NaCl	35.7	35.8	36	36.3	36.6	37	37.3	37.8	38.4	39	39.8
NH_4HCO_3	11.9	15.8	21	27	—	—	—	—	—	—	—
$NaHCO_3$	6.9	8.2	9.6	11.1	12.7	14.5	16.4	—	—	—	—
NH_4Cl	29.4	33.3	37.1	41.4	45.8	50.4	55.2	60.2	65.6	71.3	77.3

【实验仪器与试剂】

仪器：电子天平，烧杯（100mL），量筒（100mL）温度计，恒温水浴锅，布氏漏斗，吸滤瓶、真空泵，蒸发皿，坩埚钳，马弗炉。

试剂：粗食盐，NH_4HCO_3(s)，饱和 Na_2CO_3 溶液，饱和 $NaHCO_3$ 溶液，乙醇（95%），盐酸（$2mol \cdot L^{-1}$），pH 试纸。

【实验内容】

1. 粗食盐水的精制

称量 5.0g 粗食盐于 100mL 烧杯中，加 20mL 水溶解，加热近沸，在此温度下逐滴加入饱和 Na_2CO_3 溶液至 pH = 10.0 左右，此时溶液中有白色沉淀析出。继续小火加热 2 分钟，停止加热，待沉淀沉降后，向上清液中逐滴加入饱和 Na_2CO_3 溶液至不再产生白色沉淀为止，趁热常压过滤，弃去沉淀，将滤液倒入洁净的小烧杯中，用 $2mol \cdot L^{-1}$ 的 HCl 调节溶液的 pH = 7.0 左右。

2. 制备 $NaHCO_3$

将盛有滤液的小烧杯放入恒温水浴锅中加热，控制温度在 30 ~ 35℃，在不断搅拌的情况下将已称量好的 8.0g 固体 NH_4HCO_3 分 5 ~ 8 次加入滤液中，全部加完后，继续保温 30 分钟，并不断搅拌使反应充分进行。从水浴中取出烧杯静置冷却，抽滤，先后用少量饱和 $NaHCO_3$ 溶液和 95% 的乙醇洗涤固体（洗去黏附的铵盐），抽干，得白色 $NaHCO_3$ 固体。

3. $NaHCO_3$ 热分解制备 Na_2CO_3

将抽干后的 $NaHCO_3$ 固体移入坩埚，在马弗炉内 300℃ 下加热 30 分钟，停止加热，冷却后即得到干燥的白色细粉末状碳酸钠，称重并计算产率。

【思考题】

（1）从 NaCl、NH_4HCO_3、$NaHCO_3$ 和 NH_4Cl 四种盐在不同温度下的溶解度考虑，为什么可以用粗盐和 NH_4HCO_3 反应制取 $NaHCO_3$？

（2）粗食盐水为何要精制？精制时为何要调节 pH = 10.0？精制完后为何要调 pH = 7.0？

（3）实验时为何要加入 NH_4HCO_3 固体，而不是加入 NH_4HCO_3 溶液？

（4）实验为何要控制温度在 30 ~ 35℃之间？

实验三　碱式碳酸铜的制备

【实验目的】

1. 掌握碱式碳酸铜的制备方法。

2. 了解影响碱式碳酸铜制备的主要因素。

3. 确定合理的碱式碳酸铜的制备条件。

【实验原理】

碱式碳酸铜 $Cu(OH)_2 \cdot CuCO_3$ 为天然孔雀石的主要成分，呈暗绿色或淡蓝色，俗称孔雀绿。碱式碳酸铜在水中的溶解度很小，溶于酸，加热至200℃即分解。碱式碳酸铜可用于制备颜料、杀虫剂、灭菌剂和信号弹等。

本实验采用 $CuSO_4$ 和 Na_2CO_3 反应制备碱式碳酸铜，化学反应为：

$$2CuSO_4 + 2Na_2CO_3 + H_2O \xlongequal{} Cu(OH)_2 \cdot CuCO_3 \downarrow + 2Na_2SO_4 + CO_2 \uparrow$$

抽滤，得 $Cu(OH)_2 \cdot CuCO_3$ 暗绿色晶体。

反应温度、反应物的配比等因素会影响反应速率和产率，本实验将探求制备碱式碳酸铜的最佳条件。

【实验仪器与试剂】

仪器：恒温水浴锅，烘箱，烧杯，试管，玻璃棒，温度计。

试剂：$CuSO_4 \cdot 5H_2O(s)$，$Na_2CO_3(s)$，$BaCl_2(0.01mol \cdot L^{-1})$。

【实验内容】

1. 反应溶液的配制

（1）配制 $0.5mol \cdot L^{-1}$ $CuSO_4$ 溶液：称取 12.5g $CuSO_4 \cdot 5H_2O$ 固体于烧杯中，加水稀释至 100mL，备用。

（2）配制 $0.5mol \cdot L^{-1}$ Na_2CO_3 溶液：称取 5.3g Na_2CO_3 固体于烧杯中，加水稀释至 100mL，备用。

2. 反应条件的考察

（1）$CuSO_4$ 和 Na_2CO_3 溶液的配比。

取四支试管，均加入 2.0mL $0.5mol \cdot L^{-1}$ 的 $CuSO_4$ 溶液，再分别将 $0.5mol \cdot L^{-1}$ 的 Na_2CO_3 溶液 1.6mL，2.0mL，2.4mL 及 2.8mL 依次加入另外四支编号的试管中。将八支试管放在75℃的恒温水浴中，几分钟后，依

次将 $CuSO_4$ 溶液分别倒入 Na_2CO_3 溶液中，振荡试管，比较各试管中沉淀生成的速度、沉淀的量及颜色，从中得到两种反应物溶液以何种比例相混合为最佳。

	项目编号			
	1	2	3	4
$CuSO_4$ 溶液的体积/mL	2.0			
Na_2CO_3 溶液的体积/mL	1.6	2.0	2.4	2.8
Na_2CO_3/$CuSO_4$（物质的量之比）	0.8	1.0	1.2	1.4
沉淀生成速率的快慢				
沉淀的量				
沉淀的颜色				

（2）反应温度的探索。

在三支试管中，各加入 2.0mL 0.5mol·L^{-1}的 $CuSO_4$ 溶液。另取三支试管，各加入由上述实验得到的合适用量的 0.5mol·L^{-1}的 Na_2CO_3 溶液。从两组试管中各取一支，将它们分别置于室温、75℃、100℃的恒温水浴中，数分钟后将 $CuSO_4$ 溶液倒入 Na_2CO_3 溶液中，振荡并观察现象，由实验结果确定制备反应的合适温度。

	项目编号		
	1	2	3
$CuSO_4$ 溶液的体积/mL	2.0	2.0	2.0
Na_2CO_3 溶液的体积/mL			
水浴温度/℃	室温	75	100
沉淀生成速率的快慢			
沉淀的量			
沉淀的颜色			

3. 碱式碳酸铜的制备

取 60mL 0.5mol · L^{-1} 的 $CuSO_4$ 溶液，根据上面实验确定的反应物合适比例加入 Na_2CO_3 溶液，控制反应温度为上述实验探索的最佳温度，制取碱式碳酸铜。待沉淀完全后，用蒸馏水洗涤沉淀数次，直到沉淀中不含 SO_4^{2-} 为止（如何检验?），吸干。

将所得产品放在烘箱中于 100℃烘干，冷却至室温后称量质量，并计算产率。

【思考题】

（1）除反应物的配比和反应温度对本实验的结果有影响外，反应物的种类、反应进行的时间等因素是否对产物的质量也会有影响?

（2）在"$CuSO_4$ 和 Na_2CO_3 溶液的合适配比"的实验中各试管中沉淀的颜色为何会有差别? 估计何种颜色产物的碱式碳酸铜含量最高? 若将 Na_2CO_3 溶液倒入 $CuSO_4$ 溶液，其结果是否会有所不同?

（3）在"反应温度的探索"实验中，反应在何种温度下进行会出现褐色产物? 这种褐色物质是什么?

（4）设计一个简单的实验，来测定碱式碳酸铜的百分含量。

实验四　硫代硫酸钠的制备及性质鉴定

【实验目的】

1. 掌握硫代硫酸钠的制备原理和方法。
2. 学习硫代硫酸根的定性鉴定方法。
3. 巩固练习溶解、加热、蒸发、结晶、抽滤等基本操作。

【实验原理】

$Na_2S_2O_3$ 是最重要的硫代硫酸盐，俗称"海波"，又名"大苏打"，是无色透明单斜晶体。易溶于水，难溶于乙醇。$Na_2S_2O_3$ 在酸性条件下极不稳定，易分解；$Na_2S_2O_3$ 具有较强的还原性和配位能力，可用于照相行业的定影剂，洗染业、造纸业的脱氯剂，定量分析中的还原剂。

$Na_2S_2O_3$ 的制备方法有多种，其中 Na_2SO_3 法是工业和实验室中的主要方法，Na_2SO_3 溶液在沸腾温度下与硫粉化合，可制得 $Na_2S_2O_3$：

$$Na_2SO_3 + S = Na_2S_2O_3$$

反应液经脱色、过滤、浓缩结晶、抽滤、干燥即得产品。

$Na_2S_2O_3$ 在 40 ~45℃熔化，48℃分解，因此，在浓缩过程中要注意不能蒸发过度。常温下从溶液中结晶出来的 $Na_2S_2O_3$ 为含有结晶水的 $Na_2S_2O_3 \cdot 5H_2O$。

【实验仪器与试剂】

仪器：恒温水浴锅，电子天平，酒精灯，烧杯，试管，量筒，蒸发皿，表面皿，石棉网，点滴板，抽滤瓶，布氏漏斗。

试剂：Na_2SO_3(s)，硫粉，无水乙醇，活性炭，$AgNO_3$(0.1mol · L^{-1})，HCl(6mol · L^{-1})，KBr(0.1mol · L^{-1})，碘水，淀粉溶液，蓝色石蕊试纸。

【实验内容】

1. $Na_2S_2O_3$ 的制备

称取 1.5g 硫粉于 100mL 烧杯中，加 3mL 乙醇充分搅拌均匀。再加入 5.1g Na_2SO_3 固体，加 50mL 蒸馏水溶解。盖上表面皿，加热并不断搅拌，待溶液沸腾后改用小火加热，保持微沸状态 1 小时，不断地用玻璃棒充分搅拌，直至仅有少许硫粉悬浮于溶液中，加少量活性炭作脱色剂（此时溶液体积应不少于 20mL，若太少可加水补充）。

趁热过滤，将滤液转至蒸发皿中，水浴加热浓缩至液体表面出现晶膜为止。自然冷却、结晶。减压过滤，用少量乙醇洗涤晶体，用滤纸吸干后，称重，计算产率。

2. 产品的定性检验

取少量自制的 $Na_2S_2O_3 \cdot 5H_2O$ 晶体溶于 10mL 水中，进行以下实验：

（1）$S_2O_3^{2-}$ 离子鉴定。

在点滴板上滴加 $Na_2S_2O_3$ 溶液，再加 2 滴 0.1mol · L^{-1} $AgNO_3$ 溶液。观察现象。如果沉淀由白色变黄色变棕色最后变为黑色，可证明含有 $S_2O_3^{2-}$ 离子，写出有关化学方程式。

（2）$Na_2S_2O_3 \cdot 5H_2O$ 的稳定性。

取少量 $Na_2S_2O_3$ 溶液于试管中，加入 3 滴 6mol · L^{-1} HCl 溶液，振荡片刻，用湿润的蓝色石蕊试纸检验逸出气体，观察现象，并写出有关化学方程式。

（3）$Na_2S_2O_3 \cdot 5H_2O$ 的还原性。

取入少量的碘水和淀粉溶液于试管中，然后再滴入少量 $Na_2S_2O_3$ 溶液，观察现象，并说明原因。

（4）$Na_2S_2O_3 \cdot 5H_2O$ 的配位性。

在点滴板上滴加 2 滴 $AgNO_3$ 溶液和 2 滴 $0.1mol \cdot L^{-1}$ KBr 溶液，再滴入 3 滴 $Na_2S_2O_3$ 溶液，观察现象，写出有关化学方程式。

【思考题】

（1）蒸发浓缩时，为何不可将溶液蒸干？

（2）过滤所得的产品为什么要用乙醇洗涤？

（3）要想提高硫代硫酸钠的产率与纯度，实验中要注意哪些问题？

实验五　以铁为原料制备感光液

【实验目的】

1. 学习利用盐类在不同温度下溶解度的差别来制备物质的原理和方法。

2. 掌握合成 $(NH_4)_2Fe(SO_4)_2 \cdot 6H_2O$ 和 $K_3Fe[(C_2O_4)_3] \cdot 3H_2O$ 的基本原理和操作技术。

3. 加深对铁（Ⅲ）和铁（Ⅱ）化合物性质的了解。

4. 巩固水浴加热、冷却、结晶、重结晶、洗涤、干燥等基本操作。

【实验原理】

1. $(NH_4)_2Fe(SO_4)_2 \cdot 6H_2O$ 的制备

复盐硫酸亚铁铵 $[FeSO_4 \cdot (NH_4)_2SO_4 \cdot 6H_2O]$ 又称摩尔盐，是浅绿色的单斜晶体。它在空气中比一般亚铁盐稳定，不易被氧化，溶于水但不溶于乙醇。硫酸铵、硫酸亚铁铵和硫酸亚铁在不同温度下的溶解度如表 4－3 所示。

表 4－3　$(NH_4)_2SO_4$、$FeSO_4 \cdot 7H_2O$、$(NH_4)_2Fe(SO_4)_2 \cdot 6H_2O$ 的溶解度　单位：g/(100g H_2O)

物质	温度/℃							
	10	20	30	40	50	60	70	80
$(NH_4)_2SO_4$	73.0	75.4	78.0	81.0	—	88.0	—	95.3
$FeSO_4 \cdot 7H_2O$	20.5	26.5	39.2	40.2	48.6	—	—	—
$(NH_4)_2Fe(SO_4)_2 \cdot 6H_2O$	18.1	26.9	—	38.5	—	53.4	—	73.0

以铁屑或铁粉为原料，溶于稀硫酸制得硫酸亚铁溶液，然后加入硫酸铵饱和溶液，经加热浓缩、冷却至室温后可得溶解度较小的硫酸亚铁铵复盐晶体。

$$Fe + H_2SO_4 = FeSO_4 + H_2\uparrow$$

$$FeSO_4 + (NH_4)_2SO_4 + 6H_2O = (NH_4)_2SO_4 \cdot FeSO_4 \cdot 6H_2O$$

2. $K_3Fe[(C_2O_4)_3] \cdot 3H_2O$ 的合成

再以硫酸亚铁铵为原料，与草酸在酸性溶液中先制得草酸亚铁沉淀，然后再用草酸亚铁在草酸钾和草酸的存在下，以过氧化氢为氧化剂，得到三草酸合铁（Ⅲ）酸钾。主要反应为：

$$(NH_4)_2Fe(SO_4)_2 + H_2C_2O_4 + 2H_2O = FeC_2O_4 \cdot 2H_2O\downarrow + (NH_4)_2SO_4 + H_2SO_4$$

$$2FeC_2O_4 \cdot 2H_2O + H_2O_2 + 3K_2C_2O_4 + H_2C_2O_4 = 2K_3[Fe(C_2O_4)_3] \cdot 3H_2O$$

三草酸合铁（Ⅲ）酸钾高温易分解，易溶于水，难溶于醇、醚、酮等有机溶剂，在溶液中加入乙醇改变溶剂极性并加入少量盐析剂，可析出翠绿色单斜的 $K_3[Fe(C_2O_4)_3] \cdot 3H_2O$ 晶体。

3. 感光液制备原理

三草酸合铁（Ⅲ）配合物具有光敏活性，在紫外线的作用下，发生光化学反应，产生二价铁，当二价铁与赤血盐相遇时产生滕氏蓝从而显蓝色。

$$2[Fe(C_2O_4)_3]^{3-} \xrightarrow{hv} [Fe(C_2O_4)_3]^{4-} \longrightarrow 2FeC_2O_4 + 2CO_2 + 3C_2O_4^{2-}$$

$$K_3[Fe(CN)_6] + FeC_2O_4 = KFe[Fe(CN)_6](\text{滕氏蓝}) + K_2C_2O_4$$

【实验仪器与试剂】

仪器：电子天平，真空泵，布氏漏斗，吸滤瓶，烧杯，锥形瓶，恒温水浴锅，表面皿，玻璃棒。

试剂：铁粉，$(NH_4)_2SO_4$（s），H_2SO_4（$3.0mol \cdot L^{-1}$），$H_2C_2O_4$（饱和），$K_2C_2O_4$（饱和），H_2O_2（3%），乙醇（95%），KNO_3（$3.0mol \cdot L^{-1}$），$K_3[Fe(CN)_6]$（5%）。

【实验内容】

1. 硫酸亚铁铵的制备

称取 2.8g 铁粉，放在锥形瓶中，加入 15.0mL $3.0mol \cdot L^{-1}$ H_2SO_4，置于 70 ~ 80℃水浴中加热，反应装置应靠近通风口（为什么会产生臭鸡蛋气味?）。反应过程中，适当补充被蒸发掉的水分（尽可能维持原有液面刻度水平，加热不要过猛），当反应基本完全时，趁热过滤。滤液转移至蒸发皿中。观察滤纸上残渣的颜色、状态。烘干称量。

根据差量法计算反应掉的铁粉量，按 $FeSO_4 : (NH_4)_2SO_4 = 1:1$（物质的量之比）求出所需（$(NH_4)_2SO_4$）的质量，并根据实验温度下$(NH_4)_2SO_4$的溶解度配成饱和溶液，再将其倒入蒸发皿中，搅拌均匀后水浴浓缩，至液面出现晶膜为止（浓缩开始时可适当搅拌，后期不宜搅拌）。取出蒸发皿静置，冷却后减压抽滤。用少量的95%乙醇洗涤晶体两次。取出晶体干燥称重，计算$(NH_4)_2Fe(SO_4)_2 \cdot 6H_2O$的产率。

2. 草酸亚铁的制备

称取上述制备的5.0 g硫酸亚铁铵固体放入250mL烧杯中，然后加15.0mL蒸馏水和2～3滴3.0mol·L^{-1} H_2SO_4，加热溶解后，再加入25.0mL饱和草酸溶液，加热搅拌至沸，然后迅速搅拌片刻，防止飞溅。停止加热，静置。待黄色$FeC_2O_4 \cdot 2H_2O$沉淀后，用倾析法弃去上层清液，加入20mL蒸馏水洗涤晶体，搅拌并温热，静置，倾析法弃去上层清液，即得黄色草酸亚铁沉淀。

3. 三草酸合铁（Ⅲ）酸钾的制备

往草酸亚铁沉淀中加入10.0mL饱和$K_2C_2O_4$溶液，40℃下水浴加热，恒温下慢慢滴加3%的H_2O_2溶液20.0mL，沉淀转为深棕色。边加边搅拌，加完后将溶液加热至沸，然后趁热逐滴加入20.0mL饱和$H_2C_2O_4$溶液，沉淀立即溶解，溶液转为绿色。趁热抽滤，滤液转入100mL烧杯中，加入95%的乙醇25.0mL，混匀后冷却，可以看到烧杯底部有晶体析出。为了加快结晶速度，可向其中加入几滴KNO_3溶液。晶体完全析出后，抽滤，用10.0mL乙醇分多次淋洒滤饼，抽干混合液。固体产品置于一表面皿上，置暗处晾干。称重，计算$K_3[Fe(C_2O_4)_3] \cdot 3H_2O$的产率。

4. 感光液的制备

将0.5g$K_3[Fe(C_2O_4)_3] \cdot 3H_2O$溶于5.0ml蒸馏水中，滴加5滴$K_3[Fe(CN)_6]$(5%)，搅拌均匀后，玻璃棒蘸取溶液在纸面上写字，在日光下观察。

【思考题】

（1）能否直接用三价铁制备三草酸合铁（Ⅲ）酸钾，如$FeCl_3$、$Fe_2(SO_4)_3$等？

（2）为什么在滴加H_2O_2过程中需要控制温度？

（3）滴加KNO_3溶液起到什么作用？

（4）最后能否在析晶之前适当浓缩溶液？

（5）什么叫复盐？它与配合物有何区别？

（6）实验中为什么保持硫酸亚铁、硫酸亚铁铵溶液呈较强的酸性？

实验六　由鸡蛋壳制备丙酸钙

【实验目的】

1. 掌握由鸡蛋壳制备丙酸钙的原理和方法。

2. 通过废物利用、变废为宝，培养学生综合利用资源的意识。

3. 掌握高温煅烧的实验方法。

【实验原理】

丙酸钙的分子式为 $Ca(CH_3CH_2COO)_2$，为白色结晶性粉末，略有特殊气味，在潮湿空气中易潮解。可溶于水（1g 约溶于 3mL 水），微溶于甲醇、乙醇，不溶于苯及丙酮。丙酸钙是近些年来发展起来的一种食品防腐剂，它不仅可以延长食品的保质期，而且可以在体内水解成丙酸和钙离子，其中丙酸是牛奶和牛羊肉中常见的脂肪酸成分，钙离子有补钙的作用，它们都可以作为营养物质被人体吸收。

鸡蛋壳的中碳酸钙的含量高达 90% 以上，因蛋壳是生物组织，无毒，所以用蛋壳制备的丙酸钙是无毒的，可作为钙强化剂，用于食品添加。

鸡蛋壳经高温煅烧，得到灰分氧化钙，加水生成氢氧化钙，再用丙酸中和，可得到丙酸钙：

$$CaCO_3 = CaO + CO_2 \uparrow$$

$$CaO + H_2O = Ca(OH)_2$$

$$CaCO_3 + 2CH_3CH_2COOH = Ca(CH_3CH_2COO)_2 + 2H_2O$$

【实验仪器与试剂】

仪器：电子天平，马弗炉，干燥箱，恒温水浴锅，蒸发皿，表面皿，坩埚，研钵，烧杯，漏斗，玻璃棒，量筒。

试剂：鸡蛋壳，$CH_3CH_2COOH(13mol \cdot L^{-1})$，$HCl(12mol \cdot L^{-1})$，滤纸。

【实验内容】

1. 鸡蛋壳的预处理

称量 10.0g 收集的鸡蛋壳放入烧杯中，用水清洗、除去泥土蛋清等杂质，用清水浸泡 1 小时，除去水面上浮的蛋壳膜，置于表面皿中晾干，在干燥箱中 110℃烘干 1 小时。

2. 鸡蛋壳煅烧分解

取出干燥的鸡蛋壳在研钵中研磨，并将其转到坩埚中，置于马弗炉中1000℃煅烧1小时。待鸡蛋壳被灼烧成白色时，取出坩埚，待冷却后，将其转入研钵中研细。

3. 制备丙酸钙

称取3.0g研细的粉末，转入小烧杯中，加入40mL蒸馏水，在不断搅拌下生成石灰乳，再加入12mL 13mol·L^{-1}的CH_3CH_2COOH，并不断搅拌，冷却静置至上层液体澄清，过滤得丙酸钙溶液。

滤液转入蒸发皿中，在90℃的恒温水浴锅中蒸发浓缩，待出现晶膜时，停止加热，冷却结晶，减压过滤。

将晶体置于蒸发皿中小火烘干，冷却称重，计算丙酸钙产率。

【注意事项】

（1）操作马弗炉时要注意安全，避免烫伤。

（2）煅烧鸡蛋壳时不能出现暗灰色。

（3）煅烧完成后，尽量研细，不要出现大颗粒。

（4）向溶液中加入丙酸时要逐滴加入，并且边滴加边搅拌。反应过程要一直搅拌。

（5）产物的干燥温度要控制在110℃到140℃，温度不要过高。

【思考题】

（1）丙酸钙的实际用途是什么？用鸡蛋壳制备丙酸钙有何优势？

（2）如何设计实验测定鸡蛋壳的煅烧产物中CaO的含量？

（3）石灰乳与丙酸中和制备丙酸钙的实验中，反应时间、反应温度对实验结果会有何影响？

（4）该实验还有多种工艺可选择，画出你认为合理的工艺流程并写出相关的化学方程式。

实验七　由废铝制备硫酸铝钾及其晶体的培养

【实验目的】

1. 了解从废铝制备硫酸铝钾的原理及过程。

2. 进一步认识Al及$Al(OH)_3$的两性。

3. 学会从溶液中培养晶体的原理和方法。

4. 通过实验了解废物综合利用的意义，认识化学在资源综合利用方面的价值。

【实验原理】

硫酸铝钾（$K_2SO_4 \cdot Al_2(SO_4)_3 \cdot 24H_2O$）俗称明矾，它是一种无色晶体，易溶于水，并水解生成 $Al(OH)_3$ 胶状沉淀。它具有较强的吸附性能，是工业上重要的铝盐，可作为净水剂、造纸充填剂等。

我国每年有大量废弃的铝（铝饮料罐、铝牙膏皮、铝药膏皮、铝制器皿等），本实验首先采用废铝易拉罐为原料，经处理后得到的铝片溶于氢氧化钠溶液，生成可溶性的四羟基铝酸钠，将其他的不溶性杂质过滤除去。随后用 H_2SO_4 调节溶液的 pH 为 8~9，即有 $Al(OH)_3$ 沉淀产生，分离后，在沉淀中加入 H_2SO_4，使 $Al(OH)_3$ 转化为 $Al_2(SO_4)_3$，然后将制得的 $Al_2(SO_4)_3$ 晶体和 K_2SO_4 晶体分别制成饱和溶液，混合后就有明矾生成。有关反应如下：

$$2Al + 2NaOH + 6H_2O = 2Na[Al(OH)_4] + 3H_2\uparrow$$

$$[Al(OH)_4]^- + H^+ = Al(OH)_3\downarrow + H_2O$$

$$2Al(OH)_3 + 3H_2SO_4 = Al_2(SO_4)_3 + 6H_2O$$

$$Al_2(SO_4)_3 + K_2SO_4 + 24H_2O = K_2SO_4 \cdot Al_2(SO_4)_3 \cdot 24H_2O$$

明矾单晶的培养：当有 $K_2SO_4 \cdot Al_2(SO_4)_3 \cdot 24H_2O$ 晶体析出后，过滤得到晶体，选出较规整的作为晶种，放在滤液中，盖上表面皿，让溶液自然蒸发，结晶就会逐渐长大，成为大的单晶，单晶具有八面体晶形。为使晶种长成较大的单晶，注意溶液温度不要变化太大，使溶液的水分缓慢蒸发。另外也可将生成的晶体系上尼龙线，悬在溶液中。这样晶体在各方面生长速度不受影响，生成的晶体更规则。

【实验仪器与试剂】

仪器：电子天平，真空泵，布氏漏斗，吸滤瓶，玻璃漏斗，漏斗架，恒温水浴锅，表面皿，烧杯，蒸发皿，酒精灯，石棉网，量筒，剪刀。

试剂：废易拉罐，NaOH(s)，K_2SO_4(s)，H_2SO_4($3mol \cdot L^{-1}$)，砂纸，滤纸，pH 试纸，尼龙线。

【实验内容】

1. $Al(OH)_3$ 的生成

用砂纸打磨掉废易拉罐外部涂层，称取 1.0g 打磨好的铝片用剪刀剪成碎片。称取 2.3g NaOH 固体于 250mL 烧杯中，加入 40mL 去离子水使其溶解。将称量好的铝片分多次加入 NaOH 溶液中，水浴加热（在通风橱中进行，并远离火焰，若反应剧烈，要盖上蒸发皿，防止碱液溅出）。根据反应情况，可再适量添加一些水，至不再有气泡产生，说明反应完毕。加水冲稀溶液至 50mL 左右，减压过滤，滤液转入 250mL 烧杯中。

将滤液加热至沸，在不断搅拌下，滴加 $3mol \cdot L^{-1} H_2SO_4$ 至溶液的 pH 为 8 ~ 9，继续搅拌煮沸数分钟，然后抽滤，并用沸水洗涤沉淀，直至洗涤液的 pH 降至 7 左右，抽干。

2. $Al_2(SO_4)_3$ 的制备

将制得的 $Al(OH)_3$ 转入烧杯中，在不断搅拌下，加入 $3mol \cdot L^{-1}$ H_2SO_4，并水浴加热。当溶液变清后，停止加入 H_2SO_4，得 $Al_2(SO_4)_3$ 溶液。浓缩溶液为原体积的 1/2，取下，在不断搅拌下用冷水冷却，使晶体析出，待结晶完全后，抽滤，将晶体用滤纸吸干，称重。

3. $K_2SO_4 \cdot Al_2(SO_4)_3 \cdot 24H_2O$ 的制备

将称重的硫酸铝晶体置于小烧杯中，配成室温下的饱和溶液。另称取等物质的量 K_2SO_4 固体，也配成饱和溶液，然后将两饱和溶液混合，搅拌均匀。放置后，就会有明矾晶体析出。

4. 明矾晶体的培养

将以上析出晶体的溶液过滤，选出滤纸上相对规整的晶体作为晶种，放在滤液中，盖上表面皿，让溶液自然蒸发，结晶就会逐渐长大，成为大的单晶，单晶具有八面体晶形。

【思考题】

（1）为什么用碱溶解 Al？

（2）计算氢氧化铝沉淀完全时的 pH，说明沉淀时应控制的 pH 范围？

（3）为使制得氢氧化铝沉淀易过滤、洗涤，操作时应注意什么？

（4）将硫酸钾和硫酸铝两种饱和溶液混合能够制得明矾晶体，用溶解度来说明其理由。

（5）查阅文献，了解影响晶体生长的因素。

实验八　固体酒精的制备

【实验目的】

1. 掌握固体酒精制备的原理和方法。

2. 了解化学在日常生活中的应用，培养化学实验的兴趣。

【实验原理】

酒精易燃烧，而且燃烧时无烟无味、安全卫生，是一种很好的燃料。由于液体酒精携带不方便，可以将酒精制成固态，将其储存在铁罐中，使用时直接用火柴点燃，固体酒精较液体酒精安全且携带运输方便。

由于乙醇的熔点为 -114.3℃，所以常温下，将酒精固化是很难的。但可以用一种可凝固的物质来承载酒精，使酒精包容其中，并使其具有一定的形状和硬度。

硬脂酸（$C_{17}H_{35}COOH$）与氢氧化钠混合后可发生下列反应：

$$C_{17}H_{35}COOH + NaOH = C_{17}H_{35}COONa + H_2O$$

反应生成的硬脂酸钠（$C_{17}H_{35}COONa$）是一个长碳链的极性分子，室温下在酒精中不易溶，在较高的温度下，硬脂酸钠可以均匀地分散在液体酒精中，而冷却后则形成凝胶体系，使酒精分子被束缚于相互连接的大分子之间，呈不流动状态而使酒精凝固，成为固体酒精。

向其中加入硝酸钴、硝酸铜等不同的金属离子，可以改变固体酒精的颜色；若加入虫胶，石蜡作为粘结剂，可得到质地更加结实的固体酒精，同时可以助燃，使其燃烧得更加持久，并释放更多的热量。

【实验仪器与试剂】

仪器：恒温水浴锅，烧杯，量筒，电子天平，玻璃棒，固体酒精模具。

试剂：工业酒精，硬脂酸（s），NaOH（8%），石蜡，酚酞。

【实验内容】

（1）分别取 2.5g 硬脂酸，0.5g 石蜡，50mL 工业酒精置于 250mL 烧杯中，向烧杯中滴加两滴酚酞，水浴加热，搅拌，维持水浴温度在 70℃左右，直至硬脂酸全部溶解。

（2）待硬脂酸完全溶解后，立即滴加 8% 的 NaOH 溶液，滴加速度先快后慢，滴至溶液由无色变为浅红又马上退掉为止，再多滴加一滴溶液。继续维持水浴温度在 70℃左右，搅拌 15 分钟后，停止加热。

（3）将溶液倒入模具中，自然冷却后，可得到浅紫色的固体酒精。

【注意事项】

（1）通过改变酒精、硬脂酸和氢氧化钠用量及反应温度可制得硬度和外观不同的固体酒精。

（2）酒精燃烧的火焰为淡蓝色，本实验中由于加入氢氧化钠，会使固体酒精的燃烧火焰呈现黄色。

（3）本实验不准用明火，不准将制备的固体酒精带出实验室。

【思考题】

（1）为什么固体酒精的制备过程中，需要加入 NaOH 溶液？

（2）石蜡的作用是什么？

（3）固体酒精制备的原理是什么？

实验九　三方氮化硼纳米片的制备

【实验目的】

1. 学习三方氮化硼纳米片的制备原理及方法。
2. 巩固过滤、转移、离心分离等基本操作。
3. 了解高温高压环境下制备化合物的方法。

【实验原理】

三方氮化硼作为一种宽带隙的半导体材料，因其独特的性质如高热传导性、高热稳定性、高机械强度而被应用于高温高功率条件下的电子领域。特别是二维氮化硼材料因其良好的光学和电学性质使得它在光电器件和热电设备中有潜在的应用前景。这些优异的性能吸引了许多研究人员制备二维氮化硼材料。具体方法如下：

将硼氢化钠（$NaBH_4$，0.10mol）和氨基钠（$NaNH_2$，0.15mol）一起装入 50mL 的不锈钢反应釜中，反应釜封好后，置于高温炉内从室温开始以每分钟 10℃的升温速率升至 550℃，然后在目标温度下恒温 24 小时。实验操作需在充氩气保护的手套箱中进行，所有操作要小心和快速地进行。待冷却到室温，取出反应釜内的粗产品，将其用无水乙醇洗涤以除去多余的金属钠，然后分别用稀盐酸、蒸馏水和无水乙醇洗涤后经过离心分离，在 60℃下真空干燥 12 小时获得白色的粉末样品，将其置于小磁舟中，并放置在高温管式炉内，以每分钟 10℃的升温速率升至 1000℃，然后在目标温度下恒温 8 小时。待反应冷却到室温后取出磁舟内的粗产品，然后分别用稀盐酸、蒸馏水和无水乙醇洗涤后经过离心分离，在 60℃下真空干燥 12 小时，获得白色的粉末即为产品。

【实验仪器与试剂】

仪器：高温釜，手套箱，管式炉，真空干燥箱，陶瓷磁舟，电子天平，烧杯，量筒，真空泵，布氏漏斗，吸滤瓶，玻璃棒，磁力搅拌器。

试剂：$NaBH_4$(s)，$NaNH_2$(s)，HCl(6.0mol·L^{-1})，无水乙醇，称量纸，定性滤纸。

【实验内容】

1. 三方氮化硼制备

称量 3.7g $NaBH_4$ 和 5.85g $NaNH_2$ 一起装入 50mL 的不锈钢反应釜中，反应釜封好后，置于高温炉内从室温开始以每分钟 10℃ 的升温速率升至 550℃，然后在目标温度下恒温 24 小时。

2. 除杂

待冷却到室温，取出反应釜内的粗产品，将其用无水乙醇洗涤以除去多余的金属钠，然后分别用 6.0mol·L^{-1} 盐酸、蒸馏水和无水乙醇洗涤后进行离心分离，所得固体在 60℃ 下真空干燥 12 小时，得白色的粉末样品，标注为“样品 1”。

3. 样品的转化

将所获得的“样品 1”置于小磁舟中，磁舟放置在高温管式炉内，以每分钟 10℃ 的升温速率升至 1000℃，然后在目标温度下恒温 8 小时。待反应冷却到室温后取出磁舟内的粗产品，然后分别用 6.0mol·L^{-1} 盐酸、蒸馏水和无水乙醇洗涤后经过离心分离，在 60℃ 下真空干燥 12 小时，获得白色的粉末样品，标注为“样品 2”。冷却后称量，计算“样品 2”产率。

【思考题】

（1）硼氢化钠（$NaBH_4$，0.10mol）和氨基钠（$NaNH_2$，0.15mol）一起装入 50mL 的不锈钢反应釜中发生反应的化学方程式？

（2）多余的氨基钠如何处理？

第 5 章　设计性实验

实验一　粗硫酸铜的提纯

【实验目的】

1. 通过查阅文献资料，并结合所学无机化学知识独立设计提纯粗硫酸铜的实验方案。

2. 通过设计实验培养学生综合分析问题和解决问题的能力。

3. 了解用重结晶法提纯物质的基本原理，巩固加热、减压过滤、蒸发浓缩和重结晶等操作。

【实验提示】

硫酸铜为可溶性晶体物质。粗硫酸铜中的杂质包括难溶于水的杂质和易溶于水的杂质。一般可先用溶解、过滤的方法除去可溶性晶体中所含的难溶于水的杂质，然后再用重结晶法使可溶性晶体物质中的易溶于水的杂质分离。

重结晶的原理是：由于晶体物质的溶解度一般随温度的降低而减小，当热的饱和溶液冷却时，待提纯的物质首先结晶析出而少量杂质由于尚未达到饱和，仍留在母液中。

粗硫酸铜晶体中的可溶性杂质通常以硫酸亚铁（$FeSO_4$）、硫酸铁[$Fe_2(SO_4)_3$]为最多。当蒸发浓缩硫酸铜溶液时，亚铁盐易氧化为铁盐，而铁盐易水解，有可能生成 $Fe(OH)_3$ 沉淀，混杂于析出的硫酸铜晶体中，所以在蒸发浓缩的过程中，溶液应保持酸性。

若亚铁盐或铁盐含量较多，可先将 Fe^{2+} 氧化为 Fe^{3+}，再使 Fe^{3+} 水解为 $Fe(OH)_3$ 沉淀过滤而除去。通过所学无机化学知识分析如何将 Fe^{2+} 氧化为 Fe^{3+} 而在体系中尽量不引入其他杂质？如何通过沉淀方法将 Fe^{3+} 除

去并使 Cu^{2+} 留在溶液中？

【实验要求】

（1）通过实验提示和查阅文献资料，设计粗硫酸铜提纯的实验方案。

（2）准备实验仪器，配制实验所需试剂。

（3）根据设计的实验方案，进行实验。

（4）称量提纯后固体的质量，计算 $CuSO_4 \cdot 5H_2O$ 晶体产率。

（5）根据实验实施情况，进一步完善实验方案，并分析影响实验成功的关键因素。

【思考题】

（1）为了提高精制硫酸铜的产率，实验过程中应注意哪些问题？

（2）滤液为什么必须经过酸化后才能进行加热浓缩？在浓缩过程中应注意哪些问题？

实验二　从海带中提取碘

【实验目的】

1. 了解从植物中提取无机物的一般方法。
2. 练习萃取操作，巩固灼烧、溶解、过滤、蒸发等基本操作。
3. 体会转化思想在物质分离实验中的应用。

【实验提示】

碘是人体中重要的微量元素，海带中含有丰富的碘，其主要的存在形式为化合态。海带经灼烧后，灰烬中的碘可以转化为能溶于水的无机碘化物。碘离子具有较强的还原性，可被氧化剂氧化生成碘单质。生成的碘单质可用四氯化碳把它从水溶液中萃取出来。

【实验要求】

（1）自拟海带预处理的实验过程，设计从海带中提取单质碘的实验方案。

（2）富集并检验海带中碘的存在。

（3）萃取、分离并制得碘单质。

【思考题】

（1）怎样通过实验证明海带中含有碘元素？

（2）在提取碘的过程中，可否用直接加热的方法浓缩碘水？

（3）将碘离子氧化为碘单质的过程中如何选择氧化剂？氯水和过氧化氢哪一种氧化剂更好？

实验三　茶叶中微量元素的鉴定与定量测定

【实验目的】

1. 了解并掌握鉴定茶叶中某些化学元素的方法。

2. 选择并设计合适的化学分析方法，定性鉴定和检测茶叶中 Fe、Al、Ca 及 Mg 的微量元素。

3. 通过本实验方案的设计与实施，总结植物类样品的定性鉴定和定量检测的方法，提高综合运用知识的能力。

【实验提示】

茶叶属植物类，主要由 C、H、N 和 O 等元素组成，其中含有 Fe、Al、Ca、Mg 等微量金属元素。本实验的目的是要求从茶叶中定性鉴定 Fe、Al、Ca、Mg 等元素，并对 Fe、Ca、Mg 进行定量测定。茶叶需先进行“干灰化”，“干灰化”即试样在空气中置于坩埚中加热，把有机物经氧化分解而烧成灰烬。这一方法特别适用于生物和食品的预处理。灰化后，经酸溶解，即可逐级进行分析。铁铝混合液中 Fe^{3+} 离子对 Al^{3+} 离子的鉴定有干扰。利用 Al^{3+} 离子的两性，加入过量的碱，使 Al^{3+} 转化为离子留在溶液中，Fe^{3+} 则生成沉淀，经分离去除后，消除了干扰。钙镁混合液中，Ca^{2+} 离子和 Mg^{2+} 的鉴定互不干扰，可直接鉴定，不必分离。

【实验要求】

1. 设计实验方案，对茶叶进行预处理。

2. 根据 Fe、Al、Ca 及 Mg 元素的特性，设计实验方案分别进行元素的鉴定。

3. 测定茶叶中 Ca 和 Mg 的总含量。

4. 测定茶叶中 Fe 的总含量。

【注意事项】

1. 茶叶应尽量捣碎，利于灰化。

2. 灰化应彻底，若酸溶后发现有未灰化物，应尽量过滤，将未灰化的重新灰化。

3. 茶叶灰化后，酸溶解速度较慢时可用小火加热，定量转移要完全。

【思考题】

（1）应如何选择灰化温度？

（2）试讨论 pH 为何值时，能将 Fe^{3+}、Al^{3+} 离子与 Ca^{2+}、Mg^{2+} 分离完全？

实验四 自制暖宝宝

【实验目的】

1. 了解市售暖宝宝的主要成分及发热原理。
2. 根据实验室提供材料，自制暖宝宝，探究各组分的最佳比例。
3. 通过实验深入理解化学与社会生活的密切联系，激发学习动机。

【实验提示】

“暖宝宝”是利用铁氧化反应放出热量来进行发热的，可将化学能转化成热能。铁在自然条件下的氧化反应速度非常缓慢，需要通过一定方法加快这一反应的进行。如增大铁的表面积，或者加入水，食盐和活性炭等形成原电池。

市售“暖宝宝”片状贴剂由原料层、明胶层、无纺布袋三部分组成，原料层置于无纺布袋内，含有由铁、活性炭、无机盐、水、蛭石等合成的混合物。铁在潮湿空气中可以发生吸氧腐蚀，同时利用活性炭的强吸附性，在活性炭的疏松结构中储有水蒸气，水蒸气液化成水滴，流出后与空气和铁粉接触，在氯化钠的催化作用下较为迅速的发生反应生成氢氧化铁，放出热量。其原电池反应如下：

$$负极：Fe - 2e^- = Fe^{2+}$$

$$正极：O_2 + 2H_2O + 4e^- = 4OH^-$$

$$总反应：2Fe + O_2 + 2H_2O = 2Fe(OH)_2$$

$$2Fe(OH)_2 + 2H_2O + 3O_2 = 4Fe(OH)_3 \downarrow$$

“暖宝宝”原料袋中的蛭石是一种天然无毒的铁镁质铝硅酸盐矿物，分子式为 $(Mg, Fe, Al)_3[(Si, Al)_4O_{10}(OH)_2] \cdot 4H_2O$，蛭石加热时能迅速膨胀，并且具有非常好的保温效果，可以使热量持续缓慢地释放。

“暖宝宝”在内袋无纺布上敷一种可透气薄膜，它是以 PE 为载体，通过特殊工艺使透气膜形成独特的微孔结构。该透气膜透气量均匀性决定了产品发热温度、保持时间等的稳定性。

【实验要求】

（1）根据实验室提供的材料，如铁粉、活性炭、氯化钠、蛭石、自封袋等，自制暖宝宝，并测试暖宝宝的发热速度和持续时间。

（2）调整各成分的组成比例，实验不同配方的暖宝宝的发热速度和持续时间，探究最优组成比例。

（3）通过实验探究影响暖宝宝发热时间和速度的主要因素。

【注意事项】

（1）所用铁粉不宜太粗，否则反应太慢。

（2）实验过程中要注意安全，防止自制暖宝宝发热温度高烫伤皮肤。

【思考题】

（1）为什么市售暖宝宝要使用双层包装？

（2）为什么暖宝宝在用之前和用之后的固体状态不一样？

（3）“暖宝宝”使用完后剩余物质的主要成分是什么，如何检验？

实验五　阳离子混合液和阴离子混合液的分离鉴定

【实验目的】

1. 掌握待测阳离子混合液分离与鉴定条件，并能设计实验方案进行分离和鉴定。

2. 掌握阴离子混合液的分离与鉴定条件，并能设计实验方案进行分离和鉴定。

3. 巩固水浴加热、离心分离和沉淀的洗涤等基本操作技术。

【实验提示】

在生产实际过程中的无机定性分析的试样一般是多种离子的混合液，要准确地鉴定它们，若它们之间存在干扰，就必须分离或掩蔽后进行鉴定，分离可采用沉淀分离、配位掩蔽、氧化还原掩蔽以及萃取等手段，如用 KSCN 鉴定 Co^{2+} 时，Fe^{3+} 有干扰，可用酒石酸或 F^- 配位掩蔽 Fe^{3+}，也可用 Zn 或 $SnCl_2$ 还原掩蔽 Fe^{3+}，或在溶液中加入丙酮或乙醇萃取 $[Co(SCN)_4]^{2-}$，在有机相中进行观察，消除其对 Co^{2+} 鉴定反应的干扰。这些方法较多应用于阳离子混合液，先用组试剂沉淀后离心分离，然后再将各组离子进行分离和鉴定。这种方法称为系统分析法。如硫化氢系统分析法，“两酸两碱”系统分析法等。

阴离子主要是非金属元素组成的简单离子和复杂离子，如 X^-、S^{2-}、SO_4^{2-}、ClO_3^-、$[Al(OH)_4]^-$、$[Fe(CN)_6]^{3-}$ 等。大多数阴离子在分析鉴定中，彼此干扰较少，实际上可能共存的阴离子不多，且许多阴离子有特效反应，故常采用分别分析法。只有当先行推测或检出某些离子有干扰时才适当进行掩蔽或分离。由于同种元素可以组成多种阴离子，如硫元素有 S^{2-}、SO_3^{2-}、$S_2O_3^{2-}$、SO_4^{2-} 等，存在形式不同，性质各异，所以分析结果要求知道元素及其存在形式。

在进行混合阴离子的分析时，一般是利用阴离子的分析特性：①与酸反应放出气体的，如阴离子 CO_3^{2-}、SO_3^{2-}、$S_2O_3^{2-}$、S^{2-} 和 NO_2^- 等。②水溶性，除碱金属盐和 NO_3^-、ClO_3^-、ClO_4^-、Ac^- 等阴离子形成的盐易溶解外，其余的盐类大多数是难溶的。常通过它们与 $AgNO_3$ 和 $BaCl_2$ 的反应所生成的钡盐和银盐的性质的差别来判断。③氧化还原性，除 Ac^-、CO_3^{2-}、SO_4^{2-} 和 PO_4^{3-} 外，绝大多数阴离子具不同程度的氧化还原性，如强还原性的阴离子 S^{2-}、SO_3^{2-}、$S_2O_3^{2-}$；弱还原性阴离子 Cl^-、Br^-；中等还原性的阴离子 I^-；在酸性介质中具有氧化性的 NO_3^-，根据它们所具有的这些特性，进行初步试验，确定离子存在的可能范围，然后进行个别离子的鉴定。

【实验内容】

（1）设计分离鉴定 S^{2-}、$S_2O_3^{2-}$、SO_3^{2-} 的方案，并进行实验，写出各步现象和有关反应的化学方程式并进行讨论。

提示：

①在强碱性溶液中，鉴定 S^{2-} 用亚硝酰铁氰化钠，溶液显特殊紫红色表示有 S^{2-}。

②利用 $PbCO_3(K_{sp}=7.4\times10^{-14})$ 或 $CdCO_3$ 溶解度（$K_{sp}=5.2\times10^{-12}$）远大于 $PbS(Ksp=8.0\times10^{-29})$ 或 $CdS(Ksp=8.0\times10^{-27})$，可用 $PbCO_3$ 或 $CdCO_3$ 分离 S^{2-}，同时形成黄色 CdS 或黑色 PbS 沉淀，确证有 S^{2-}。

③利用 $SrSO_3$ 与 SrS_2O_3 溶解度的差异（$SrSO_3$ 微溶，而 SrS_2O_3 可溶于水），可用 $SrCl_2$ 或 $Sr(NO_3)_2$ 来分离 $S_2O_3^{2-}$ 和 SO_3^{2-}。

（2）设计实验方案分离鉴定 Fe^{3+}、Mn^{2+}、Al^{3+}、Zn^{2+}，并进行实验，

写出各步现象和有关反应的化学方程式并进行讨论。

【实验提示】

①Fe^{3+}、Mn^{2+}可分别鉴定。

②Fe^{3+}、Mn^{2+}、Al^{3+}、Zn^{2+}的分离：取0.5～1.0mL试液，加入2滴3.0mol·L^{-1} NH_4Cl，加6.0mol·L^{-1}氨水至生成沉淀后，再多加3滴，搅动，加热。冷却后离心分离，用0.3mol·L^{-1} NH_4Cl溶液洗沉淀1～2次，洗涤液与离心液合并，离心液用于鉴定Al^{3+}。

③Fe^{3+}、Mn^{2+}与Al^{3+}的分离：在步骤（2）的沉淀中，加3滴水、6滴6.0mol·L^{-1} NaOH溶液，搅动，加热，离心分离。沉淀不再鉴定。离心液用于Al^{3+}的鉴定。

④Zn^{2+}和Mn^{2+}的分离：在步骤（2）的离心液中，加5滴6.0mol·L^{-1} NaOH溶液后，加6滴水，加2滴3% H_2O_2，混合均匀，水浴加热，分解剩余的H_2O_2。如有沉淀生成，离心分离，弃去沉淀。离心液用于鉴定Zn^{2+}。

写出各步现象和有关反应的化学方程式并进行讨论

【思考题】

（1）在上述阴离子混合液的鉴定中，为何不用HNO_3？

（2）在上述阳离子混合液②的分离步骤中，为何不能只用氨水？

实验六　无机化学实验中废液的初步处理

【实验目的】

1. 了解无机化学实验中常见的废液种类及进行废液处理的一般原理和方法。

2. 培养学生的环保意识，培养学生分析问题、综合设计和解决问题的能力。

【实验提示】

实验室常见的无机废液根据其中的成分可分为三类：一类是含酸、碱废液；二类是含毒性大的重金属废液；三类是含毒性大的阴离子或者是虽然无毒但国家环保标准对其排放浓度有要求的阴离子废液。

酸、碱废液的浓度很小时，经中和后可以直接排放。浓度较高时，可以分别贮存，定期混合中和处理。

含有毒性的金属离子，尤其是那些重金属离子的废液，如 Cd^{2+}、Cr^{3+}、Cr(Ⅵ)、Co^{2+}、Pb^{2+}、Hg^{2+}、Ni^{2+}、Sn（有机锡化合物）等。这些废液可采用加消石灰、石灰、铁盐、铝盐的凝聚剂，以及调节 pH 后加入硫化物沉淀的方法除去；或者用饱和 Na_2CO_3 将废液的 pH 调至 8～9（最大不超过 10），再加固体有机絮凝剂，并加入助滤剂搅拌后过滤，将滤液放入工业级活性炭中浸泡后排出。

含有毒性或限制排放浓度的阴离子废液中含毒性较大的，其主要成分是 Cr(Ⅵ) 和 As(Ⅲ)，因氰化物实验基本不做，可不予考虑。这些废液应分别集中，单独存放，达到一定量后，集中处理。有效的方法是将含有 Cr(Ⅵ) 的废液以硫酸酸化后，加入硫酸亚铁还原，再并入有害阳离子废液中一起处理。含有 As(Ⅲ) 废液处理方法是氢氧化物共沉淀法。

【实验要求】

（1）了解无机化学实验中常见废液的种类及处理方法。通过查阅资料，自己设计废液处理的方案。列出废液处理的详细步骤，设计方案交由实验指导教师审查，并根据意见修改。

（2）根据修改后的实验方案，以不同的废液为处理对象，列出实验所需的仪器和试剂清单。

（3）在教师的指导下独立完成实验，对经处理后的废液进行检测，检验废液处理的效果。

（4）完成实验报告。实验报告要求以研究论文的形式写出，其结构和内容要包括以下内容：

①论文题目。

②本实验的意义。

③本实验的基本原理和理论依据。

④实验所需的仪器和试剂。

⑤实验内容：列出具体的实验方案，写出详细的实验步骤。

⑥实验结果和讨论：分析和研究实验结果，发现问题和得出结论，并针对发现的问题进行实事求是的讨论。

⑦结论：以简洁的语言对整个实验过程进行总结，并提出改进方法。

⑧参考文献：列出本次实验中所参考和引用的文献。

主要参考文献

1. 陈红余，董丽花．基础化学实验［M］．济南：山东教育出版社，2011.

2. 崔学桂，张晓丽．基础化学实验（Ⅰ）——无机及分析化学部分［M］．北京：化学工业出版社，2003.

3. 吴俊森，大学基础化学实验［M］．北京：化学工业出版社，2006.

4. 高职高专化学教材编写组．无机化学（第四版）［M］．北京：高等教育出版社，2014.

5. 赵新华，无机化学实验［M］．北京：高等教育出版社，2014.

6. 宋天佑，徐家宁．无机化学（第四版）［M］．北京：高等教育出版社，2019.

7. 冯丽娟．无机化学实验（修订版）［M］．青岛：中国海洋大学出版社，2013.

8. 北京师范大学．化学基础实验［M］．北京：高等教育出版社，2004.

9. 崔爱莉．基础无机化学实验［M］．北京高等教育出版社，2007.

10. 罗士平，陈若愚．基础化学实验（上）［M］．北京：化学工业出版社，2005.

11. 大连理工大学无机化学教研室．无机化学实验［M］．北京：高等教育出版社，2007.

12. 华东理工大学无机化学教研组编，无机化学实验（第四版）［M］．北京：高等教育出版社，2007.

13. 郑冰，朱志彪．无机及分析化学实验学习指导（普通高等教育十三五规划教材）［M］．北京：中国石化出版社，2019.

14. 侯小娟．无机化学实验指导（普通高等教育十三五规划教材）［M］．北京：化学工业出版社，2017.

15. 海力茜·陶尔大洪，姚军．无机化学实验与学习指导（第2版）

[M]. 北京：科学出版社，2017.

16. 杨靖宇. 谈化学实验课的基础常识 [J]. 金色年华，2013 (6): 110.

17. 周新木，彭在姜. 利用生活废弃物制备食品防腐剂——推荐一个大学基础化学开放性实验 [J]. 大学化学，2007，22 (4): 40-43.

18. 魏惠荣. 无机化学实验中碱式碳酸铜的制备方法探讨 [J]. 甘肃教育，2013 (05): 91-93.

19. 李梦华. 氮化硼物相与形貌控制的合成研究 [D]. 山东大学博士论文，2010.

20. 张玲芬，陈俊华. 茶叶中的无机金属离子种类的探究——常见无机离子检验 [J]. 新课程学习（下），2013 (5): 47-48.

21. 郑静，汪敦佳，王国宏. 固体酒精的制备实验 [J]. 湖北师范学院学报（自然科学版），2005 (02): 67-69.

22. 陈丽凤，于长顺等. 浅谈碳酸钠的制备与混合碱分析 [J]. 实验室科学，2007 (01): 82-83.

附　　录

附录一　　　　　　酸碱混合指示剂

指示剂溶液的组成	变色时 pH	颜色		备　注
		酸色	碱色	
一份 0.1% 甲基黄乙醇溶液 一份 0.1% 亚甲基蓝乙醇溶液	3.25	蓝紫	绿	pH = 3.2 蓝紫色 pH = 3.4 绿色
一份 0.1% 甲基橙水溶液 一份 0.25% 舫荫二磺酸水溶液	4.1	紫	黄绿	
一份 0.1% 溴甲酚绿钠盐水溶液 一份 0.2% 甲基橙水溶液	4.3	橙	蓝绿	pH = 3.5 黄色，pH = 4.05 绿色 pH = 4.3 浅绿色
三份 0.1% 溴甲酚绿乙醇溶液 一份 0.2% 甲基红乙醇溶液	5.1	酒红	绿	
一份 0.1% 溴甲酚绿钠盐水溶液 一份 0.1% 氯酚钠盐水溶液	6.1	黄绿	蓝紫	pH = 5.4 蓝绿色，pH = 5.8 蓝色 pH = 6.0 蓝带紫，pH = 6.2 蓝紫色
一份 0.1% 中性红乙醇溶液 一份 0.1% 亚甲基蓝乙醇溶液	7.0	蓝紫	绿	pH = 7.0 紫蓝
一份 0.1% 甲酚红钠盐水溶液 三份 0.1% 百罩酚蕾钠钦水溶渣	8.3	黄	紫	pH = 8.2 玫瑰红 pH = 8.4 清晰的紫色
一份 0.1% 百里酚蓝 50% 乙醇溶液 二份 0.1% 酚酞 50% 乙醇溶液	9	黄	紫	从黄到绿，再到紫
一份 0.1% 酚酞乙醇溶液 一份 0.1% 百里酚酞乙醇溶液	9.9	无	紫	pH = 9.6 玫瑰红 pH = 10 紫红
二份 0.1% 百里酚酞乙醇溶液 一份 0.1% 茜素黄乙醇溶液	10.2	黄	紫	

附录二　　常用酸碱指示剂

名称	变色范围	颜色变化	配制方法
0.1%百里酚蓝	1.2~2.8	红~黄	0.1g 百里酚蓝溶于20mL 乙醇中，加水至100mL
0.1%甲基橙	3.1~4.4	红~黄	0.1g 甲基橙溶于100mL 热水中
0.1%溴酚蓝	3.0~1.6	黄~紫蓝	0.1g 溴酚蓝溶于20mL 乙醇中，加水至100mL
0.1%溴甲酚绿	4.0~5.4	黄~蓝	0.1g 溴甲酚绿溶于20mL 乙醇中，加水至100mL
0.1%甲基红	4.8~6.2	红~黄	0.1g 甲基红溶于60mL 乙醇中，加水至100mL
0.1%溴百里酚蓝	6.0~7.6	黄~蓝	0.1g 溴百里酚蓝溶于20mL 乙醇中，加水至100mL
0.1%中性红	6.8~8.0	红~黄橙	0.1g 中性红溶于60mL 乙醇中，加水至100mL
0.2%酚酞	8.0~9.6	无~红	0.2g 酚酞溶于90mL 乙醇中，加水至100mL
0.1%百里酚蓝	8.0~9.6	黄~蓝	0.1g 百里酚蓝溶于20mL 乙醇中，加水至100mL
0.1%百里酚酞	9.4~10.6	无~蓝	0.1g 百里酚酞溶于90mL 乙醇中，加水至100mL
0.1%茜素黄	10.1~12.1	黄~紫	0.1g 茜素黄溶于100mL 水中

附录三　　298.15K 时各种酸的解离平衡常数

化学式	K_a	pK_a	化学式	K_a	pK_a
无机酸			H_2S	8.90×10^{-8}	7.05
H_3AsO_4	5.50×10^{-3}	2.26	HS^-	1.20×10^{-13}	12.92
H_2AsO_4	1.73×10^{-7}	6.76	HBrO	2.82×10^{-9}	8.55
$HAsO_4^{2-}$	5.13×10^{-12}	11.29	HClO	3.98×10^{-8}	7.4
H_2BO_3	5.75×10^{-10}	9.24	HIO	2.29×10^{-11}	10.64
H_2CO_3	4.46×10^{-7}	6.35	$H_2C_2O_4$	5.90×10^{-2}	1.25
HCO_3^-	4.68×10^{-11}	10.33	$HC_2O_4^-$	6.46×10^{-5}	4.19
$HClO_3$	5×10^2		HNO_2	5.62×10^{-4}	3.25
$HClO_2$	1.15×10^{-2}	1.94	$HClO_4$	3.5×10^2	
H_2CrO_4	1.82×10^{-1}	0.74	HIO_4	5.6×10^3	
$HCrO_4^-$	3.2×10^{-7}	6.49	$HMnO_4$	2.0×10^2	
HF	6.31×10^{-4}	3.20	H_3PO_4	7.5×10^{-3}	2.12
H_2O_2	2.40×10^{-12}	11.62	$H_2PO_4^-$	6.23×10^{-8}	7.21
HI	3×10^{-9}		HPO_4^{2-}	2.20×10^{-12}	12.67

续表

化学式	K_a	pK_a	化学式	K_a	pK_a
H_2SiO_3	1.70×10^{-10}	9.77	$Zn(OH)_2$	1.0×10^{-29}	29.00
$H_2SiO_3^-$	1.52×10^{-12}	11.8	金属离子		
HSO_4^-	1.02×10^{-2}	1.99	Al^{3+}	1.4×10^{-5}	4.85
H_2SO_3	1.41×10^{-2}	1.85	NH_4^+	5.60×10^{-10}	9.25
HSO_3^-	6.31×10^{-8}	7.20	Cu^{2+}	1×10^{-8}	8.00
$H_2S_2O_3$	2.50×10^{-1}	0.60	Fe^{3+}	4.0×10^{-3}	2.40
$HS_2O_3^-$	1.90×10^{-2}	1.72	Fe^{2+}	1.2×10^{-6}	5.92
两性氢氧化物			Mg^{2+}	2×10^{-12}	11.70
$Al(OH)_3$	4×10^{-13}	12.40	Hg^{2+}	2×10^{-3}	2.70
$SbO(OH)_2$	1×10^{-11}	11.00	Zn^{2+}	2.5×10^{-10}	9.60
$Cr(OH)_2$	9×10^{-17}	16.05	有机酸		
$Cu(OH)_2$	1×10^{-19}	19.00	CH_3COOH	1.75×10^{-5}	4.76
$HCuO_2^-$	7.0×10^{-14}	13.15	C_6H_5COOH	6.2×10	4.21
$Pb(OH)_2$	4.6×10^{-16}	15.34	HCOOH	1.772×10^{-4}	3.77
$Sn(OH)_4$	1×10^{-32}	32.00	HCN	6.16×10^{-10}	9.21
$Sn(OH)_2$	3.8×10^{-15}	14.42			

附录四 298.15K 时各种碱的解离平衡常数

化学式	K_b	pK_b	化学式	K_b	pK_b
CH_3COO^-	5.71×10^{-10}	9.24	NO_3^-	5×10^{-17}	16.30
NH_3	1.8×10^{-4}	3.90	NO_2^-	1.92×10^{-11}	10.71
$C_6H_5NH_2$	4.17×10^{-10}	9.38	$C_2O_4^{2-}$	1.6×10^{-10}	9.80
AsO_4^{3-}	3.3×10^{-12}		$HC_2O_4^-$	1.79×10^{-13}	12.75
$HAsO_4^{2-}$	9.1×10^{-8}		MnO_4^-	5.0×10^{-17}	16.30
$H_2AsO_4^-$	1.5×10^{-12}		PO_4^{3-}	4.55×10^{-2}	1.34
$H_2BO_3^-$	1.6×10^{-5}		HPO_4^{2-}	1.61×10^{-7}	6.79
Br^-	1×10^{-23}	23.0	$H_2PO_4^-$	1.33×10^{-12}	11.88
CO_3^{2-}	1.78×10^{-4}	3.75	SiO_3^{2-}	6.76×10^{-3}	2.17

续表

化学式	K_b	pK_b	化学式	K_b	pK_b
HCO_3^-	2.33×10^{-8}	7.63	$HSiO_3^-$	3.1×10^{-5}	4.51
Cl^-	3.02×10^{-23}	22.52	SO_4^{2-}	1.0×10^{-12}	12.00
CN^-	2.03×10^{-5}	4.69	SO_3^{2-}	2.0×10^{-7}	6.70
$(C_2H_5)_2NH$	8.51×10^{-4}	3.07	HSO_3^-	6.92×10^{-13}	12.16
$(CH_3)_2NH$	5.9×10^{-4}	3.23	S^{2-}	8.33×10^{-2}	1.08
$C_2H_5NH_2$	4.3×10^{-4}	3.37	HS^-	1.12×10^{-7}	6.95
F^-	2.83×10^{-11}	10.55	SCN^-	7.09×10^{-14}	13.15
$HCOO^-$	5.64×10^{-11}	10.25	$S_2O_3^{2-}$	4.00×10^{-14}	13.40
I^-	3×10^{-24}	23.52	$(C_2H_5)_3N$	5.2×10^{-4}	3.28
CH_3NH_2	4.2×10^{-4}	3.38	$(CH_3)_3N$	6.3×10^{-5}	4.20

附录五　　实验室常用酸碱试剂的浓度和密度

试剂名称	密度	含量/%	物质的量浓度/$mol\cdot L^{-1}$
浓硫酸 H_2SO_4	1.84	96	18
稀硫酸	1.18	25	3
	1.06	9	1
浓盐酸 HCl	1.19	38	12
稀盐酸	1.10	20	6
	1.03	7	2
浓硝酸 HNO_3	1.42	69.8	16
稀硝酸	1.2	32	6
	1.07	12	2
浓磷酸 H_3PO_4	1.7	85	15
稀磷酸	1.05	9	1
稀高氯酸 $HClO_4$	1.12	19	2
浓氢氟酸 HF	1.13	40	23
冰醋酸 HAc	1.05	90.5	17
稀醋酸	1.04	35	6

续表

试剂名称	密度	含量/%	物质的量浓度/mol · L^{-1}
	1.02	12	2
浓氢氧化钠 NaOH	1.43	40	14
稀氢氧化钠	1.09	8	2
浓氨水 $NH_3 \cdot H_2O$	0.88	25 ~ 27	15
稀氨水	0.99	3.5	2

附录六　　常用缓冲溶液的配制

pH	配制方法
0	1mol · L^{-1}HCl 溶液①
1.0	0.1mol · L^{-1}HCl 溶液
2.0	0.01mol · L^{-1}HCl 溶液
3.6	NaAc · $3H_2O$ 8g，溶于适量水中，加 6mol · L^{-1}HAc 溶液 134mL，稀释至 500mL
4.0	将 60mL 冰醋酸和 16g 无水醋酸钠溶于 100mL 水中，稀释至 500mL
4.5	将 30mL 冰醋酸和 30g 无水醋酸钠溶于 100mL 水中，稀释至 500mL
5.0	将 30mL 冰醋酸和 60g 无水醋酸钠溶于 100mL 水中，稀释至 500mL
5.4	将 40g 六亚甲基四胺溶于 90mL 水中，加入 20mL 6mol · L^{-1}HCl 溶液
5.7	100gNaAc · $3H_2O$ 溶于适量水中，加 6mol · L^{-1}HAc 溶液 13mL，稀释至 500mL
7.0	77g NH_4Ac 溶于适量水中，稀释至 500mL
7.5	NH_4Cl 60g 溶于适量水中，加浓氨水 1.4mL，稀释至 500mL
8.0	NH_4Cl 50g 溶于适量水中，加浓氨水 3.5mL，稀释至 500mL
8.5	NH_4Cl 40g 溶于适量水中，加浓氨水 8.8mL，稀释至 500mL
9.0	NH_4Cl 35g 溶于适量水中，加浓氨水 24mL，稀释至 500mL
9.5	NH_4Cl 30g 溶于适量水中，加浓氨水 65mL，稀释至 500mL
10	NH_4Cl 27g 溶于适量水中，加浓氨水 175mL，稀释至 500mL
11	NH_4Cl 3g 溶于适量水中，加浓氨水 207mL，稀释至 500ml
12	0.01mol · L^{-1}NaOH 溶液
13	1mol · L^{-1}NaOH 溶液